普通高等学校教材

制药工程专业实验教程

李瑞芳　张贝贝　主编

王　乐　宇光海　杨硕晔　副主编

科　学　出　版　社

北　京

内 容 简 介

本教材是根据普通高等学校制药工程专业特点组织编写的综合性专业实验课教材，涵盖了药物化学、生物制药工艺学、药剂学和药物分析学课程的实验教学内容，阐述各专业课实验项目的实验目的、实验原理、实验设备与实验材料、实验步骤、实验结果、注意事项等内容，同时，还设有思考题供学生拓展思维。

本教材适合高等学校制药工程及相关专业本科生使用，也可作为药物研究开发、分析检验等药学工作者的参考用书。

图书在版编目（CIP）数据

制药工程专业实验教程/李瑞芳，张贝贝主编. —北京：科学出版社，2018.5

普通高等学校教材

ISBN 978-7-03-057126-7

Ⅰ. ①制⋯ Ⅱ. ①李⋯ ②张⋯ Ⅲ. ①制药工业–化学工程–实验–高等学校–教材 Ⅳ. ①TQ46-33

中国版本图书馆 CIP 数据核字（2018）第 069642 号

责任编辑：刘　畅/责任校对：王晓茜
责任印制：赵　博/封面设计：谜底书装

科学出版社 出版
北京东黄城根北街 16 号
邮政编码：100717
http://www.sciencep.com

北京凌奇印刷有限责任公司印刷
科学出版社发行　各地新华书店经销

*

2018 年 5 月第　一　版　开本：720 × 1000　1/16
2025 年 1 月第四次印刷　印张：9 1/2
字数：189 000

定价：39.80 元

（如有印装质量问题，我社负责调换）

前　言

目前，我国高等学校制药工程专业实践教学环节薄弱，实践教学能力亟待加强。为提高制药工程专业实验教学效果，我们组织编写了本教材。本教材可作为普通高等学校制药工程专业及相关专业的实验教材。

本教材依据普通高等学校制药工程专业实验教学内容进行编写，分为 6 章。第一章绪论，介绍实验室安全、实验准备与数据处理、实验常用辅助软件和工具书。第二章至第五章，分别是药物化学实验、生物制药工艺学实验、药剂学实验和药物分析学实验，为突出理论引领，每一章的第一节介绍实验理论基础，之后依次介绍每个实验。第六章综合性、设计性实验，旨在促进学生对专业知识的融会贯通。全书实验项目，按照实验目的、实验原理、实验设备与实验材料、实验步骤、实验结果、注意事项的顺序进行编写。为加深学生对实验内容的理解，每个实验后还附有思考题。

本教材由河南工业大学制药工程专业教师集体编写。具体编写分工如下：李瑞芳负责编写第一章绪论，并负责全书的统稿与审校工作。杨硕晔负责编写第二章药物化学实验和第六章的综合性实验一。宇光海负责编写第三章生物制药工艺学实验和第六章的综合性实验二。王乐负责编写第四章药剂学实验和第六章的综合性实验三与设计性实验一。张贝贝负责编写第五章药物分析学实验和第六章的综合性实验四、实验五与设计性实验二、实验三，并对书稿进行了校订。编写人员具有丰富的教学与实践经验，对制药工程专业实验教学特点深有体会。本教材是集体耕耘的成果。在编写和出版过程中，得到了河南工业大学和科学出版社的鼎力支持和帮助，于此一并致以诚挚的谢意。

限于编者水平，加之时间仓促，书中不足之处在所难免，恳请相关院校同仁在使用过程中提出宝贵意见，以便进一步修订。

编　者

2017 年 12 月于郑州

目 录

第一章 绪 论

　　制药工程专业实验是提高制药工程专业学生专业知识综合运用能力与实践能力的重要途径。通过实验，学生可以掌握药物化学、生物制药工艺学、药剂学、药物分析学等实验的基本操作技能，了解药物合成、药物剂型制备及药物全面控制的技术与检测方法，学习药物制备过程中设备的布置、连接、作用和控制等，对药品生产的基本工艺流程有一个较完整的感性和理性认识，明确药品生产的特殊性。制药工程专业实验有助于提高学生的动手能力、分析和解决实际问题的能力，培养学生设计实验方案的能力，利用实验数据进行分析、处理问题的能力，以及运用文字进行实验内容论述的能力等。实验教学是制药工程专业课程的重要组成部分，也是集中实践教学的必要环节。

　　药物制备实验过程中，会使用各种易燃易爆试剂、玻璃器具，以及一些精密仪器设备，为保证实验顺利进行，保障人身安全和实验室安全，实验前，学生必须了解实验室的基本情况，认真阅读实验注意事项，并遵守实验室的规章制度。

第一节 实验室安全

　　为保证实验教学顺利进行，使学生养成良好的实验习惯，学生进入实验室前，必须进行实验室规则与实验室安全培训，考试合格，方可进入实验室。

一、实验室规则

　　1）遵守实验室制度，维护实验室安全，不可违章操作，严防爆炸、着火、中毒、触电、漏水等事故的发生。若发生事故应立即报告实验指导教师。

　　2）实验前必须认真预习实验内容，了解本次实验的目的要求，学习和理解实验原理和反应方程式，熟悉有关实验步骤、实验装置和注意事项，并写出实验预习报告。完成实验预习报告，经指导教师检查同意后，方能进入实验室进行实验操作。未写实验预习报告者不得进行实验。

　　3）实验前，按照实验要求，备齐实验记录本和与实验有关的其他用品，检查、整理好所需仪器、用具。如发现缺损，应立即向指导教师报告，补领或更换。不得自己任意乱拿乱用。

4）必须穿好实验服，佩戴护目镜，不得穿拖鞋、短裤等进入实验室。

5）进入实验室后，应服从实验指导教师安排，严格按照实验分组在指定地点进行实验，不得擅自调整分组。

6）认真听实验指导教师讲解，记录实验注意事项，不懂的地方及时向实验指导教师请教。

7）在实验室内要保持安静，严禁在实验室大声喧哗、打闹、吸烟、吃东西、随地吐痰、乱扔垃圾，不得擅自离开实验场所。

8）实验时要集中注意力，认真操作，细致观察，积极思考，如实记录。实验过程中观察到的现象和结果及有关的重量、体积、温度或其他数据，应立即如实记录。

9）要保持实验室整洁。实验台上尽量不放与实验无关的物品。使用过的仪器及时清洗干净，存放在实验柜内；固体废弃物和滤纸等丢入废物缸内，绝不能丢入水槽、下水道或抛至窗外。

10）参照实验预习报告认真操作，严格按照实验步骤、仪器规格和试剂用量进行操作，不得随意改变实验方法与操作步骤。规范取用原料试剂，正确使用反应装置和各类仪器设备，合理处理三废（废水、废气、废渣），保持实验室环境干净、整洁及通畅。

11）严格规范药品用量。取出的试剂不可再倒回原瓶中，以免带入杂质。取用完毕，应立即盖上瓶塞，归还原处。

12）操作易燃性有机溶剂，回流、蒸馏、减压蒸馏时，不能用明火直接加热，要放沸石或用一端封死的毛细管，若在加热时发现无沸石则应冷却后再加入，防止暴沸冲出。减压系统应装有安全瓶。加液时应停火或远离火源，一般无漏气开口，冷凝水要通畅。

13）有毒和剧腐蚀性药品应妥善保管，操作后要立即洗手。勿粘及五官和创口，以免中毒。实验中，有毒性或腐蚀性气体产生时应在通风橱中进行操作。必要时应戴好防护用具进行工作。

14）在实验过程中，严格按仪器说明书或操作规程使用仪器，防止仪器损坏。未经允许，不得操纵、拨弄仪器设备。严禁擅自拆卸仪器设备。

15）实验过程中要注意安全。发生意外事故时，如仪器设备出现异常气味、打火、冒烟、发热、响声、振动等异常现象或损坏，应立即切断电源，关闭仪器，并向指导教师报告。

16）实验过程中，所有使用的器具不得随意借用、混用，用毕需处理的应及时洗刷干净，或消毒灭菌，妥善放置。公用物品用完后应立即放回原处。

17）实验中若发生触电等人身伤害，应保持镇定并立即切断电源，马上向指导教师报告，以便采取相应措施。

18）实验中要注意节约用水、电和试剂。

19）实验完毕，将实验记录交给实验指导教师审阅签字；将仪器洗净并归还，保持桌面整洁，经教师检查合格后方可离开实验室。

20）实验室应保持整洁、明亮、通风。学生轮流值日。每次实验完毕，值日生要认真整理，包括整理公用仪器，打扫实验室，将实验台、地面打扫干净，将桌面、凳子收拾整齐，倒清废物缸，处理当日积存的实验垃圾，经教师审查并同意后，方可离开实验室。

21）不得将实验所用仪器、药品随意带出实验室。未经许可不得私自转接、培养微生物，禁止将微生物私自带出。避免原始菌种受到污染。

22）实验结束后，学生应对实验数据进行认真分析和处理，填写实验报告，做到字迹工整、图表绘制清晰规范。在实验指导教师规定的时间内交到实验室。

23）离开实验室前，必须检查水、电、气，确保安全后方可离开。

二、实验室安全与环境保护

在制药工程实验中，除使用水、电、气等之外，还会经常使用各种易燃易爆、有毒的化学药品，并需要进行高温、高压、真空等实验操作。使用不当时，可能会发生着火、爆炸、烧伤、中毒等事故。若缺乏必要的安全防护知识，常会造成生命和财产的巨大损失。学生在实验前必须了解实验中所用试剂的特性和仪器设备的使用方法，并牢记操作安全注意事项。实验开始前，指导教师应重申实验中应特别注意的安全事项，指出其正确的安全操作方法。学生必须了解各种化学药品的使用与保存方法，以及安全处理和废弃程序。

（一）化学药品的正确使用

药物化学实验室经常使用易燃易爆、有毒的试剂，如乙醚、乙醇、丙酮、氢气、苯，或强酸、强碱等腐蚀性的试剂，也常使用玻璃仪器及电器设备。当使用不当时，就有可能发生着火、爆炸、烧伤、中毒等事故。因此，在实验中应首先了解和掌握所用化学药品的理化性质，严格遵守如下安全使用原则，做到安全使用，有效防止事故的发生。

1. 化学药品安全使用的一般原则

1）使用化学药品前，要详细查阅有关化学药品的使用说明，充分了解化学药品的物理和化学特性。

2）严格遵照操作规程和使用方法使用化学药品，避免对自己和他人造成危害。

3）不用开口容器盛放易燃溶剂，而且应将其放置在远离火源处。使用易燃易爆有机溶剂时，要绝对避开明火。如果实验室中确实需要使用明火时，应考虑周围环境。如周围有人使用易燃易爆溶剂时，应禁用明火。坚决禁止将易燃液体放在敞口容器中用火加热。

4）实验室里的加热装置的冷凝管要保持畅通，不用火焰直接加热烧瓶，根据反应温度要求，分别使用水浴、油浴或石棉网加热。

5）金属钠贮存于煤油或石蜡中，残渣不准乱丢。

6）所有涉及挥发性药品（包括刺激性药品）的操作都必须在通风橱中进行；一般情况下，通风橱内不应放置大型设备，不可堆放试剂或其他杂物；操作过程中不可将头伸进通风橱，反应过程中应尽量使橱门放低；实验中，不得擅自离开岗位。

7）一定不能使常压或加热系统成为密闭体系，应与大气相通；回流或蒸馏溶剂时，余气出口应远离火源，最好通向室外；事先放好沸石，防止爆沸。若在加热后发现未放沸石，则应待稍冷后再补加，不可在加热过程中加入，以防溶剂暴沸冲出，导致着火。

8）清楚工作场所所用的危害性物质，了解它们对身体健康的危害，注意采取相应的预防措施。

9）对于毒性大的试剂或药品，要在教师的指导下使用，同时必须做好防护工作，戴橡皮手套和防毒面具，预备好解救的方法和措施。

10）化学危险品使用过程中一旦出现事故，应采取相应的控制措施，并及时向实验指导教师和部门报告。

11）绝对不允许随意混合各种化学药品，以免发生意外。要严格遵守药品尤其是危险品的开启、取用、稀释、混合、研磨、存放等各种操作规程。一旦有药品尤其是危险品洒落在桌面上或地面上，要尽可能地收集起来，采取正确措施对残留物进行处理，同时报告指导教师。

12）易燃和易挥发的废弃物不得倒入废液缸或垃圾桶，量大时应专门回收处理。

13）所有药品不得携带至室外，剩余的危险品要交还给指导教师，实验完毕必须洗净双手。

14）放射性药品和实验必须有专门人员操作，操作人员进入放射性实验室或操作放射性物质时，必须穿实验服、工作鞋，戴口罩和戴工作帽。有外伤时，不准做放射实验；不准戴手套拿公共药品、仪器及触摸门窗把手等，不准穿实验服在非放射性实验区走动。

15）不少有机化合物有毒，因此实验时应注意通风，尽量避免吸入烟雾和蒸气。实验试剂不得入口。严禁在实验室内饮食，或把食具带入实验室。实验结束后应洗净双手。

2. 易中毒药品的安全使用原则

大多数化学药品都有不同程度的毒性。有毒化学药品可通过呼吸道、消化道和皮肤进入人体而引发中毒。例如，氟化氢侵入人体，会损伤牙齿、骨骼、造血系统和神经系统；烃、醇、醚等有机物对人体有不同程度的麻醉作用；三氧化二砷、氰化物、氯化汞等是剧毒品，吸入少量就会致死。因此，使用这些药品，需要注意以下事项。

1）实验前应了解所用药品的毒性、性能和防护措施，接触有毒药品时需戴橡皮手套，操作完毕应立即洗手。切忌将有毒药品接触身体，尤其是伤口处。

2）剧毒药品，如汞盐、镉盐、铅盐等应妥善保管；使用时必须佩戴个人防护器具，做好应急救援预案；剧毒物品不得私自转让、赠送、买卖；学生使用剧毒物品必须由教师带领。

3）使用有毒气体或产生有毒或刺激性气体（如 H_2S、Cl_2、Br_2、NO_2、HCl、HF）的实验操作必须在通风橱中进行。

4）经常吸入苯、四氯化碳、乙醚、硝基苯等蒸气会使人嗅觉减弱，必须高度警惕。

5）有机溶剂能穿过皮肤进入人体，应避免直接与皮肤接触。

6）实验过程中产生的剧毒药品废液、废弃物等要妥善保管，不得随意丢弃、掩埋或者用水冲入下水道。

7）废液、废弃物等应该集中保存，由学校统一处理。

8）实验操作要规范，离开实验室要洗手。

3. 易爆药品的安全使用原则

1）氢、乙烯、乙炔、苯、乙醇、乙醚、丙酮、乙酸乙酯、一氧化碳、水煤气和氨气等可燃性气体与空气混合至爆炸极限，一旦有热源诱发，极易发生爆炸，应防止以上气体或蒸气扩散在室内空气中，保持室内通风良好，当大量使用可燃性气体时，应严禁使用明火和可能产生电火花的电器。

2）过氧化物、高氯酸盐、叠氮铅、乙炔铜、三硝基甲苯等易爆物质，受震或受热可发生爆炸，使用时应注意安全。

3）强氧化剂和强还原剂必须分开存放，使用时轻拿轻放，远离热源。

4）超高压汞灯在通电及断电后的 20min 内，不得检修和撞击，以防爆炸。

4. 易燃药品的安全使用原则

药物制备实验，由于经常使用一些易挥发、易燃的有机试剂和溶剂，可能会发生火灾事故。为了防止火灾事故的发生和正确地处理事故，每个学生必须严格遵守实验室的各项规章制度，同时注意以下事项。

1）实验室内禁止吸烟，保持空气流通。

2）实验室内严禁使用明火。必须加热处理的，应有专人监护。用毕立即按照规范封存，需点燃的气体要了解其爆炸极限，先检验并确保其纯度。

3）防止煤气管、煤气灯漏气，使用煤气后一定要把阀门关好。

4）正确使用各种加热仪器设备，避免因使用电炉等加热设备而引起火灾。

5）乙醚、乙醇、丙酮、二硫化碳、苯等有机溶剂易燃，实验室不得存放过多，切不可倒入下水道，以免集聚引起火灾。

6）金属钠、钾、铝粉、电石、黄磷及金属氢化物要注意使用和存放，尤其不宜与水直接接触。

7）实验室要有消防器材，并保证人人会用。发生火情时，应冷静判断情况，采取适当措施灭火；可根据不同情况选用水、沙、泡沫或 CO_2 灭火器进行灭火。

一旦发生火灾，不要惊慌，应立即采取措施：迅速切断电源、熄灭火源，移开易燃物品，使用就近的灭火器材扑灭燃火。如容器中溶剂起火，可以使用石棉网、湿抹布、玻璃或金属盖等盖住容器。如衣服着火，切勿乱跑，应使用水冲淋或灭火器灭火。如发生较大的火灾事故，应立即报告有关部门或拨打 119 火警电话报警。

5. 易灼伤药品的安全使用原则

除了高温以外，液氮、强酸、强碱、强氧化剂、溴、磷、钠、钾、苯酚、乙酸等强烈腐蚀性的药品都会灼伤皮肤；应注意不要与皮肤接触，使用时切忌溅到衣物或身体上，尤其防止溅入眼中。

6. 生物危害试剂的安全使用原则

1）生物材料，如微生物、动物组织、细胞培养液、血液和分泌物等，都可能存在细菌和病毒，具有感染的潜在危险。因此处理各种生物材料必须戴上一次性手套操作，做完实验后必须用消毒液、洗涤剂或肥皂充分洗净双手。

2）使用微生物作为实验材料时，尤其要注意安全和清洁卫生。被污染的物品必须进行高压消毒或烧成灰烬。被污染的玻璃器皿应在使用后立即浸泡在适当的消毒液中，然后再清洗和高压灭菌。

3）进行遗传重组实验，应根据有关规定加强生物危害的防范措施。

（二）化学药品的储存与取用

1. 化学药品储存的一般原则

1）实验室一般不能储存过多的化学药品，尤其是那些沸点低，易挥发，对光、湿、热敏感，毒性大的化学药品。

2）被储存的化学药品，要有明确的标签，必须按要求存放。一般液体存放在细口玻璃瓶中；固体存放在广口玻璃瓶或广口塑料瓶中；光敏感的化学药品存放在棕色玻璃瓶中，并置于避光处；对湿、热敏感的药品要严格密封，储存在玻璃器皿中；对于一些毒性大或危险性大的化学试剂和药品，如金属钠、氢化钠、氰化钠、活性镍等，要有专人负责，并严格按规定保管储存。

3）易燃易爆及有毒物品实行双人、双锁专柜管理，领用时需经实验室负责人签字批准。

4）实验室使用化学药品应遵循需要多少领取多少、安全管理、规范使用的原则。

5）常用的一般性试剂和药品存放在实验室的实验架上，易产生挥发性气体的试剂和药品应存放在通风橱内。

2. 特殊化学药品的储存原则

根据药品与试剂的性质和储存要求，可分为以下5种。

（1）强氧化性

根据元素的性质不同，化学药品可分为氧化剂和还原剂，实验室管理人员要对两种试剂进行合理存放，保证两种物质的分类放置。由于氧化剂和还原剂的性质不稳定，并且容易发生反应，因此不能混放在一起。另外，二者在受热和碰撞的情况下会发生氧化还原反应，对药品性质造成破坏，不仅对药品的管理模式不利，也会对实验室整体的安全造成不良影响。在实验室中，$KMnO_4$、$KClO_4$ 及 Na_2O_2 都是氧化剂，应存放在干燥、阴凉、通风处。

（2）低沸点及不稳定性

在化学药品中还有熔点、沸点不稳定的试剂，要进行集中的低温密封保存，以减轻环境对药品储存的影响。有机试剂甚至要进行砂土的掩埋，以减少药品的挥发。另外，碘单质要用棕色瓶进行保存，以减少药品的质量损失。而对于在空气中存放性质稳定的药品，要按照药品的基础性质进行分类放置，可按酸碱盐、单质和化合物进行有效区分。

（3）易燃易爆类

易爆类试剂：应放置在通风、远离火源与强光的地方，采用防爆灯照明；与易燃、酸类、易被氧化等物质隔离存放，如三硝基甲苯、三硝基苯酚、硝化纤维等。易燃类试剂：燃烧情况较多，如白磷易自燃，应存放在盛水的棕色广口瓶中，水应将白磷全部浸没，再将试剂瓶埋在盛硅石的金属罐中；金属钾和钠遇水易燃烧，应密封存放于干燥、低温、通风的地方；乙醚、乙醇高温易燃，应避免日晒，隔离热源、火源。

（4）强腐蚀性

具有强烈腐蚀性的化学药品，接触人体或其他物品后，即产生腐蚀作用，造成破坏或损伤，如强酸、强碱、酚和溴等，要进行集中存放管理。在存放过程中，一定要远离精密度较高的仪器，以避免对实验室设备造成损坏。其中天平、交直流稳压电源等设备，都要远离腐蚀性药品，进行单独放置和保存。

（5）毒类

一种是剧毒品，具有强烈杀害性，少量侵入人、畜机体即可造成死亡，如汞、氰化物及有机磷制品等；另一种是有毒品，因误食、接触皮肤或侵入机体而使人、畜发生中毒或病害，如 $BaCl_2$、CCl_4 等。此类药品，实验室管理人员应设置存储专柜，实行双人收发，双人保管制度，以保证药品的安全管理。

3. 合理取用药品

取用化学药品应避免浪费和污染，需注意以下几点。

1）应取用使用要求纯度等级的试剂。

2）取用过程中应避免污染试剂，用清洁的牛角勺或不锈钢小勺从试剂瓶中取出试剂。若试剂结块，应用洁净玻璃棒捣碎后取出。液体试剂应用洁净量筒倒取。取出但没用完的试剂不得倒回原瓶。

3）取用过程中应注意安全，打开易挥发试剂的瓶塞时，不可把瓶口对着人，不可用鼻子对着试剂瓶口嗅试剂气味，不得使试剂溅出。

4）取用易挥发性试剂时应在通风橱内进行，取用有毒有害试剂时应戴相应的防护用具。

4. 试剂、药品的记录

在化学药品使用过程中，药品取用工作的管理较为重要。在药品使用之前，应将药品分类进行登记，保证可以更好地执行相关工作。在药品使用过程中，注重药品登记的科学性、合理性，保证能够在一定程度上对药品加以科学管理。在此基础上，要对药品的使用进行登记，详细记录药品使用情况，尤其是领用危险品。登记内容包括：时间、试剂名称、数量、用途、使用人签字等。

（三）化学废物的处理和回收

实验教学中所用试剂大多数会对人体健康和环境造成危害和污染，甚至有的是剧毒物质。实验室环境保护的重要任务是实验三废的处理，处理时必须听从实验室管理人员的安排和要求，仔细认真执行。

1. 化学废物的处理

1）各类废物按固体、液体、有机、无机分类，用适当的容器盛装存放，并贴好相应标签，标签上应注明强酸、强碱、有机废液、无机废液等字样，定点保存，集中处理。收集的废液面离桶口5cm时停止收集。

2）不得随意倒入水槽、下水道或混合处理。尤其是那些含有易燃易爆物质（如金属钠、氢化钠、氰化钠、活性镍等）的废物，不得随意处理，否则可能会发生爆炸或产生毒性气体等，造成重大安全事故。化学废物必须经过特殊处理才能排放或遗弃。

3）废旧剧毒性化学物质、固体化学物质、放射性物质由实验室单独存放（不可置于明处），且不可倒入废液桶，要与实验室安全员联系并慎重处理。

4）有害、有毒气体必须经过特殊处理，如采用化学转化、吸附分离等手段，确保无污染后才能通过通风橱排放。

5）有毒物品的空容器瓶、包装物和废弃物，应统一处理，不得随意乱扔、乱倒或当废品出售。

6）过期的、不知名的固体化学药品也要妥善保存，交由学校统一处理。

2. 实验室废物的回收与利用

为缓解环境污染，节约环境资源，实验过程中，应坚持节约使用并进行试剂回收利用。通过溶剂和废弃资源回收再利用等措施，达到保护环境的目的。

1）节约实验药品，不得随意丢弃药品；洒落的药品要及时处理，以免污染环境。

2）玻璃碎渣应收集在纸盒或塑料瓶中，封闭后，贴上标签，并注明"碎玻璃渣，小心划手"字样。不能用毛巾擦拭玻璃碎渣，以免对他人造成伤害。

3）有机溶剂应进行重蒸，回收利用。

4）无机酸（碱）废液应根据性质，用相应的碱（酸）废液进行中和处理。

5）水银温度计不慎打碎后，洒落的水银要收集，并在洒落处用硫黄处理；保持通风，以免汞挥发带来危害。

（四）实验室设施保护

为保证实验室的长期安全运行，必须对实验设施及其使用性能有一个基本的认识。

1. 排水系统

目前，实验室的排水系统主要采用硬质聚氯乙烯（PVC）管件，其耐热程度只有 80℃ 左右，长期接触极性溶剂后会产生开裂。因此，实验室的液体排放必须做到：温度低于 80℃，有机溶剂必须集中回收处理。

2. 实验台面

制药工程实验室台面通常是基于中纤板增强的酚醛树脂板，其耐热程度为 135℃ 左右。因此，禁止将电炉等较高温度物体直接置于实验台面上，以免造成台面难以修复的损伤。

（五）实验室环境安全

为确保人身和财产安全，维护正常的实验教学秩序，实验人员还应注意以下几个方面。

1. 熟悉安全器材

熟悉灭火器材、沙箱等安全用具的放置地点和使用方法，并妥善保管，不准挪为他用。

2. 用水安全

1）节约用水。使用完毕，应立即关闭水龙头。需长时间流水冲洗者，必须留人看守。

2）水槽内不许存放、丢弃任何杂物。

3）自来水发生泄漏时，应立即报告指导教师或找专人及时进行修理。

3. 用电安全

1）用电线路和装置应由专业人员安装、维修和检查，不得私自随意拉接。修理或安装电器时，应先切断电源。

2）一切仪器设备应按说明书连接适当的电源，电源裸露部分应有绝缘装置，电器外壳应接地线。

3）接线时应注意接头要牢，并根据电器的额定电流选用适当的连接导线。

4）专线专用，杜绝超负荷用电。烘箱、电炉、马弗炉等高温电器要使用专用插座，并有专人看守。

5）恒温箱需经长时间试用、检查，确定确实恒温后方可过夜使用。

6）保险丝烧坏要查明原因。更换保险丝要符合规格，或找专业维修人员更换。经常检查电路、插头、插座，发现破损应立即维修或更换。

7）仪器发生故障时应及时切断电源。

8）使用电器时，要防止人体与电器导电部位直接接触，不能用湿手或湿的物体接触电源；不得使用湿抹布擦拭插座、电源开关等；实验完毕应立即切断电源。

9）不能用试电笔去试高压电。

10）一旦有人触电，应首先切断电源，然后抢救。

4. 高压容器使用安全

实验常用到高压储气钢瓶和一般受压的玻璃仪器，使用不当会导致爆炸，因此在实验开始前需掌握有关常识和操作规程。

（1）气体钢瓶的识别

根据充装的气体不同，钢瓶瓶身颜色和字体颜色有一定的规定：氧气瓶（天蓝色黑字）；氢气瓶（深绿色红字）；氮气瓶（黑色黄字）；纯氩气瓶（银灰色绿字）；氨气瓶（黄色黑字）；压缩空气瓶（黑色白字）；二氧化碳气瓶（铅白色黑字）等。

（2）高压气瓶的安全使用

1）气瓶应专瓶专用，不能随意改装。

2）气瓶应存放在阴凉、干燥、远离热源的地方，易燃气体气瓶与明火距离不小于 5m；氢气瓶最好隔离。

3）气瓶搬运要轻、稳，放置要牢靠。

4）各种气压表一般不得混用。

5）氧气瓶严禁油污，注意手、扳手或衣服上的油污。

6）气瓶内气体不可用尽，以防倒灌。

7）开启气门时应站在气压表的一侧，不准将头或身体对准气瓶总阀，以防万一阀门或气压表冲出伤人。

8）在减压系统中应使用耐压仪器，不能使用锥形瓶、平底烧瓶等不耐压的容器。无论常压或减压蒸馏都不能将液体蒸干，以防局部过热或产生过氧化物而发生爆炸。

三、实验事故的防护与处理

化学药品通常具有易燃易爆、腐蚀、毒害或放射性等危险性质。有些易燃化学危险品在受热、遇湿、撞击、摩擦、电弧或与某些物品（如氧化剂）接触后，会引起燃烧或爆炸；化学药品配制、使用不当可能引起爆炸或者液体飞溅；腐蚀性化学药品会损伤或烧毁皮肤；随意倾倒化学废液会导致环境污染；微量剧毒药品侵入机体，短时间内即可使人、畜严重中毒、致残或有生命危险；剧毒药品使用不当会造成环境的严重污染；放射性药品射线短时间大剂量照射会导致人体病变，长时间小剂量照射可能会产生遗传效应，大量吸入放射物质可能导致人体内脏发生病变。因此，实验过程中要严格做好防护工作。

（一）实验过程的人身保护

1）实验过程中必须穿实验服，不可穿已被污染的实验服进入办公室、会议室、食堂等公共场所。实验服应经常单独清洗（但不应带到普通洗衣店或家中洗涤）。

2）进行所有化学实验操作时，必须佩戴合适的防护手套。应根据实际操作需要选择能对手起到防腐、防渗或防烫等作用的手套。

3）任何人不得在实验室穿拖鞋；留长发的女生实验过程中应将头发束起。

4）在实验中，可能会发生意外安全事故，伤及眼睛。例如，腐蚀性化学药品或试剂溅入眼睛造成灼伤和烧伤；碎玻璃等尖硬物质刺伤眼睛；或实验操作不当，化学药品试剂爆炸等损伤眼睛。因此，在实验中要注意保护眼睛，尽量不要戴隐形眼镜，提倡佩戴防护眼镜，特别是进行具有潜在危险的化学实验操作及可能产生对眼部有冲击危险的实验过程中要佩戴防护眼镜。同时，还必须考虑来自邻近实验可能产生的危险因素。倘若发生意外事故，必须尽快处理，并到医院进行治疗。一般性化学药品或酸、碱液溅入眼睛，应马上用大量的水冲洗眼睛和睑部。

（二）一般性事故的防护

1. 割伤

实验中，使用玻璃仪器和材料时，有时会发生割伤事故，比较多的是玻璃棒或玻璃管的割伤。发生割伤时，一般应用水清洗伤口，并取出碎玻璃，用无菌绷带或创可贴进行包扎。如伤口较大或流血较多时，应注意压紧或扎住主血管，进行止血，并立即送医院进行治疗。

2. 烧伤、烫伤

实验中，有时会发生烧伤或触及炽热物体导致不同程度的烫伤。一般轻度烧伤、烫伤，可先用冷水或冰水等浸润处理，涂抹药膏。严重的烧伤、烫伤，则应立即送医院进行治疗。

3. 化学试剂的灼伤

实验室化学试剂的灼伤时有发生。一般是刺激性气体对皮肤和呼吸道的灼伤、酸或碱造成的皮肤灼伤等。一般的酸碱皮肤灼伤，应立即用大量的水冲洗，然后，酸灼伤用 3%～5%的碳酸氢钠溶液淋洗；碱灼伤用 2%乙酸溶液或 1%硼酸溶液淋洗；最后用大量的水冲洗 15min。卤素及无机酸性气体，易产生吸入性呼吸道灼伤，如发生较大量的吸入，应及时到医院进行治疗。

第二节　实验准备与数据处理

实验是理论指导下的科学实践，目的在于经过实践，使学生掌握科学观察的基本方法和基本技能，并培养学生的科学思维，以及分析判断和解决实际问题的能力。实验课程能培养学生探求真知、尊重科学事实和真理的学风，也是培养学生科学态度的重要环节。为此，学生在进行实验前，必须进行实验预习。

一、实验预习

实验前，认真阅读实验材料，查找与实验相关的文献资料，了解实验反应的类型、原理、方法；列出所需仪器和试剂，掌握实验所使用的各种试剂的理化性质、安全知识、注意事项等，撰写实验预习报告。实验预习报告格式如图 1-1 所示。

二、实验记录

做好实验记录和写好实验报告是对每个学生最基本的要求。正确记录实验

```
┌─────────────────────────────────────────────────────────┐
│                   实验预习报告                           │
│  实验名称：                                              │
│  姓名：           专业班级：              学号：          │
│  计划实验日期：   实验地点：              预习报告日期：  │
│  一、实验目的                                            │
│                                                         │
│  二、实验原理与基本知识点                                │
│  （包括本实验所需试剂的基本物性数据、计算表达式、反应式等）│
│                                                         │
│                                                         │
│                                                         │
│  三、实验设备与药品                                      │
│                                                         │
│                                                         │
│                                                         │
│  四、实验步骤                                            │
│                                                         │
│                                                         │
│                                                         │
│  五、注意事项                                            │
│                                                         │
│                                                         │
│                                                         │
│            ××××大学××××学院××××系               │
└─────────────────────────────────────────────────────────┘
```

图 1-1　实验预习报告格式

过程及书写实验报告，是训练学生规范实验，培养科学素养的重要内容。影响实验的因素既是具体的，也是复杂的，为确保实验结果的可重复性，需要详细规范的实验记录。因此，实验过程中，学生须认真观察实验现象，并做好详细记录。实验记录必须完整、规范、整洁、字迹清楚。实验中观察到的现象、结果和数据，要及时、如实地记在记录本上，尽量详尽、具体、清楚。实验原始记录不得涂改。实验中使用的仪器类型、试剂规格、化学结构式、相对分子质量、浓度等，都应记录。

实验记录要有统一的要求和格式，一般采用专用的实验记录本。完整的实验记录内容应包括：实验时间、气候环境、实验题目、实验目的、实验操作步骤、原始的实验数据、实验现象、后处理方法、实验结果等。必须做到及时记录、真实记录、完整记录，绝不能采用事后记录和随意用便笺纸记录的方法。实验原始记录格式如图 1-2 所示。

在反应路线中涉及的所有组分的重要物性参数均应列表整理，包括化学结构式、分子式、分子质量、沸点、熔点、闪点、溶解性、折射率、使用物质的量（mol）、使用质量（g）等，物性数据应注明来源；本实验的限制性原料及其与计算理论产率相关的数学表达式也应在"实验记录"中说明。

在实验开始前应使用流程图完成实验所有步骤的示意，包括实验中的分离纯化各步骤。

实验原始记录

实验名称：

姓名：　　　　　　　　　专业班级：　　　　　　　　　学号：

实验日期：　　　　　　　实验地点：　　　　　　　　实验环境温度：

合作者姓名：　　　　　　指导教师：

实验装置和流程：

实验观察与数据记录：

时间	具体操作	实验现象、数据及分析	备注

结果讨论：

××××大学××××学院××××系

图 1-2　实验原始记录格式

实验报告

实验名称：

姓名：　　　　　　　　　专业班级：　　　　　　　　　学号：

实验日期：　　　　　　　实验地点：　　　　　　　　实验环境温度：

合作者姓名：　　　　　　指导教师：　　　　　　　　成绩：

一、实验目的

二、实验原理

三、实验仪器与药品

四、实验步骤

五、结果与讨论

六、工艺过程

七、注意事项

××××大学××××学院××××系

图 1-3　实验报告格式

在"实验观察与数据记录"中，应详细记载实验过程中观察到的各种现象，包括获得产品的熔点、沸点、性状、色泽、数量、化学分析与仪器分析数据等。

在"结果讨论"中，应分析影响实验的各种因素，并指出导致产品损失的可能途径。

三、实验报告

实验结束后，应及时整理实验记录。在对实验数据分析的基础上，总结实验结果，写出实验报告。实验报告应包括实验名称、实验日期、实验目的、实验原理、实验仪器与药品、实验步骤、结果与讨论等。

实验报告格式如图 1-3 所示。

第三节 实验常用辅助软件和工具书

计算机辅助软件在制药工程专业学生学习和研究中具有重要作用，可用于绘制化学反应方程式、化工流程图、药物分子化学结构式及数据分析等。实验室常用计算机辅助软件主要包括以下几种。

一、化学结构式绘制软件

主要用于绘制药物分子化学结构式、化学反应方程式、化工流程图、简单的实验装置图等。

（一）ChemWindow

ChemWindow 能绘制各种结构和形状的化学分子结构式及化学图形，具有一般绘图软件所不具备的化学分子图形编辑功能。其在 Windows 环境下具有的友好用户界面和便利的切换功能，使其资料可共享于各软件之间。该软件在绘制化学专业图形方面使用方便且功能强大，可免去许多手绘化学分子图形之苦，为日常的教学和科研工作带来许多方便。该软件与 Microsoft Office Word、Microsoft Office PowerPoint 等软件联用，可出色地完成一般化学科技论文的编印，制作漂亮的专业幻灯片，为化学工作者带来极大便利。ChemWindow 6.0 包括三大功能：①绘制化学结构、化学反应式和化学实验装置；②光谱曲线处理，可直接调入色谱、光谱、核磁共振（NMR）谱、质谱（MS）等曲线进行处理、标注，并以使用者的意愿和要求的格式输出图谱或转入其他应用软件中，如 Microsoft Office Word、

Microsoft Office PowerPoint 等，便于出版或报告；③光谱解释工具，红外光谱、质谱和核磁共振谱与化学结构可相互关联。

ChemWindow 最突出的特点是能够与光谱结合。ChemWindow 6.5 Spectroscopy 版本包括了一个约 5 万张 ^{13}C NMR 的数据库（达 250M），使其能够根据化合物的结构精确预测核磁共振谱。ChemWindow 还能预测化合物的红外光谱（IR）和质谱，可读出标准格式的核磁共振谱、红外光谱、拉曼（Raman）光谱、紫外（UV）光谱及色谱图。

（二）ChemDraw

ChemDraw 是当前最常用的结构式编辑软件，主要用于描绘化合物的结构式、化学反应方程式、化工流程图、简单的实验装置图等常用的化学平面图形。新增的功能包括绘制生物聚合物、NMR 预测、结构名称转化及对结构化数据进行研究和重组等。

（三）Chem3D

Chem3D 可用于绘制或模拟化合物的三维结构，能结合 ChemDraw，将 ChemDraw 画出的二维结构式自动转换为三维结构。

（四）ChemOffice Ultra 2004

美国剑桥公司最新版本 ChemOffice Ultra 2004 是世界上优秀的桌面化学软件，集强大的应用功能于一身，是一种优秀的化学辅助系统。ChemOffice Ultra 2004 包括 ChemDraw Ultra、Chem3D Ultra、ChemFinder Ultra 等一系列完整的软件。可以将化合物名称直接转为结构图，省去绘图的麻烦；也可以对已知结构的化合物进行命名，给出正确的化合物名称。

二、数据处理软件

利用数据处理软件，根据需要对实验数据进行数学处理、统计分析、傅里叶变换、t 检验、线性及非线性拟合，绘制二维及三维图形等。

（一）Microsoft Office Excel

Microsoft Office Excel 软件是人们日常工作中必不可少的数据管理和处理软件。Microsoft Office Excel 中有大量的公式函数可供选择应用。使用 Microsoft Office Excel 可以进行计算、分析数据，管理电子表格或网页中的数据信息列表，制作数据资料图表等。

（二）Origin

Origin 为一款专业函数绘图软件，该软件简单易学、操作灵活、功能强大，既可以满足一般读者的制图需要，也可满足高级读者数据分析、函数拟合的需要。Origin 的主要功能是数据分析和绘图。Origin 的数据分析主要包括统计、信号处理、图像处理、峰值分析和曲线拟合等各种完善的数学分析功能，操作简便。Origin 基于模板进行绘图。Origin 本身提供了几十种二维和三维绘图模板，而且允许用户自己定制模板。绘图时，只要选择所需要的模板就可以绘出需要的图形。另外，用户还可以自定义数学函数和图形样式。

三、常用药品查询网站

在实验或科研过程中，经常要检索一些化合物或试剂的物理性质、化学文摘社（chemical abstracts service，CAS）编号等。西格玛奥德里奇试剂网、阿拉丁试剂网、Chemical Book 等网站均可以供检索使用。

（一）西格玛奥德里奇（SIGMA-ALDRICH）试剂网

网址：http：//www.sigmaaldrich.com/china-mainland.html。

该网站收录了化学、生命科学、材料科学方面产品的基本理化数据，包括物质别名、CAS 号、分子式、分子质量、熔点、沸点、试剂规格和参考文献等，能够满足实验室的简单使用要求。

（二）阿拉丁（aladdin）试剂网

网址：http：//www.aladdin-e.com/。

该网站搜集了分析科学、高端化学、生命科学和材料科学等领域的各种产品，学生可根据需要检索的化合物或者试剂的理化数据，包括物质别名、CAS 号、分子式、分子质量等。

（三）ChemicalBook

网址：http：//www.chemicalbook.com/。

ChemicalBook 网站创始团队从各种专业渠道收集化学信息数据，通过计算机技术辅助，将同一个化学品的多种识别方法，如分子式、分子质量、CAS 号、MDL 号（贝尔斯坦号）、EINECS 号（欧盟化学品编号）、产品中英文名称、产品同义词等，统一通过一个文本框输入进行查询，方便化工行业人员日常查找需要的化学产品资料和供应商信息。

四、专业检索书籍

(一)《默克索引》

《默克索引》(*Merck Index*)是美国 Merck 公司出版的在国际上享有盛名的化学药品大全。该书为一部 2000 多页的关于化学药品、药物及其理化性质的综合性书籍。它介绍了 1 万多种化合物的性质、制法及用途,注重对物质药理、临床、毒理与毒性研究情报的收集,并汇总了这些化合物的化学名称、药物编码、商品名、分子式、化学结构式、相对分子质量、物性数据,以及标题化合物衍生物的普通名称和商品名、合成和来源(包括原始参考文献),手性分子的旋光性、密度、熔点、沸点、溶解性(包括晶体形式)、药学信息、毒理数据。一般用方程式来表明反应的原料和产物及主要反应条件,并指出最初发表论文的著作者和出处,便于进一步查阅。此外,还专设一节讲解中毒的急救;并以表格形式列出了许多化学工作者经常使用的有关数学、物理常数和数据、单位的换算等,书末有分子式和主题索引。该索引目前有印刷版、光盘版和网络版 3 种出版形式。

《默克索引》光盘提供的检索条目如下。

1. 物质名称

通用名(generic name)、化学文摘名(CA name)、商品名(trade name)、俗名(synonym name)、衍生物(derivative type)等;名称可以是全称(name)或者部分名称(partial name)。

2. 各种物理常数

分子质量(molecular weight)、密度(density)、沸点(boiling point)、熔点(melting point)、折光率(refractive index)、旋光性(optical rotation value)、紫外吸收值(UV absorption value)、毒性(toxicity)、结构式(structure formula)、分子式(molecular formula)等。

3. 其他

药品代码(drug code)、化学文摘社登记号(CAS registry number)、生产厂家名称(manufacturer name)。

(二) *Lange's Handbook of Chemistry*

该书内容包括数学、综合数据和换算表、原子和分子结构、无机化学、分析化学、电化学、有机化学、光谱学、热力学性质、物理性质等,共 11 章;其中还收录了各学科的一些重要理论和公式。

该书已翻译为中文,名为《兰氏化学手册》(尚久芳等,1991)。

第二章　药物化学实验

第一节　药物化学实验理论基础

一、药物化学实验目的

通过药物化学实验，加深学生对药物化学基本理论和知识的理解，掌握药物合成及药物结构修饰的基本方法，了解拼合原理在药物化学中的应用；进一步巩固有机化学实验的操作技术和相关理论知识，掌握药物化学基本实验操作技能，培养学生理论联系实际、实事求是、严格认真的科学态度与良好的实验习惯。

实验前要做好预习，查阅有关文献和数据，了解实验的基本原理和方法，实验过程中，详细记录实验现象与出现的问题，实验结束后认真书写实验报告。

二、药物结构确证的一般方法

化学合成药物的结构确证常用方法：红外吸收光谱法、标准物薄层色谱（TLC）对照法、核磁共振光谱法。这些方法的一般程序介绍如下。

（一）红外吸收光谱法

1）将整个红外光谱划分成特征官能团区（4000～1333cm^{-1}）和指纹区（1333～667cm^{-1}），由高频区至低频区依次检查吸收峰存在的情况，找出相应化合物所属的可能类型和所含的主要官能团。

2）确定了化合物的类型和可能的官能团后，可以查表，并遵照影响特征频率移动的规则及相关峰，进一步研究结构细节。

3）按照上述两步确定了化合物可能的结构后，与标准图谱或标样在同一条件下测定的红外光谱对照，并结合核磁共振谱、质谱、紫外光谱及元素分析等结果做出最后的判断，并确证化合物结构。

（二）标准物薄层色谱（TLC）对照法

1. 制板（简易平铺法）

1）取两块15cm×3cm玻片，洗净，控水。

2）调糊：取3g硅胶G和8ml 0.5%羧甲基纤维素钠水溶液，在小烧杯中搅匀。

3）用小勺取适量糊状物于玻片上粗略铺平，手指轻弹玻片，反复数次，使糊状物均匀地铺在玻片上，于室温下晾干。

4）活化：将晾干的薄层板放在烘箱中，待烘箱温度升至 105～110℃时，计时 0.5h。

2. 点样

1）画线：在薄层板一端约 1cm 处轻轻画一直线，取管口平整的毛细管，于画线处轻轻点样。

2）毛细管点样：注意斑点大小和斑点间距，斑点间距 1～1.5cm，斑点一般不超过 2mm。

3）展开：展开剂选择（常用展开剂包括石油醚、己烷、苯、乙醚等，具体可根据实验需要选择）；展开方法为倾斜上行法。

4）显色：直接观察并量取 a（溶质的最高浓度中心至原点中心的距离）、b（溶剂前沿至原点中心的距离）值，计算比移值。

（三）核磁共振谱法

1）核磁管的准备：选择合适规格的核磁管，确保清洗干净、烘干。

2）样品溶液的配制：选择合适的溶剂，控制好样品溶液浓度。

3）测试前匀场处理：将核磁管装入仪器，使之旋转，进行匀场。

4）样品扫描：按样品分子质量大小，选择合适的扫描次数。

5）结果分析：保存数据，采用专用软件进行图谱分析。

第二节　常见实验方法及基本原理

实验一　巴比妥的合成

一、实验目的

（1）掌握巴比妥合成的基本过程。

（2）掌握无水操作技术。

二、实验原理

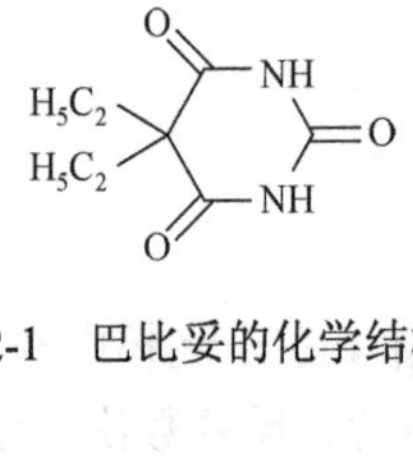

图 2-1　巴比妥的化学结构式

巴比妥为长时间作用的催眠药。主要用于神经过度兴奋、狂躁或忧虑引起的失眠。巴比妥化学名为 5, 5-二乙基巴比妥酸，化学结构式见图 2-1。

巴比妥为白色结晶或结晶性粉末，无臭，味微苦。熔点（mp）189～192℃，难溶于水，易溶于沸水及乙醇，溶于乙醚、氯仿（三氯甲烷）及丙酮。

巴比妥的合成路线见图 2-2。

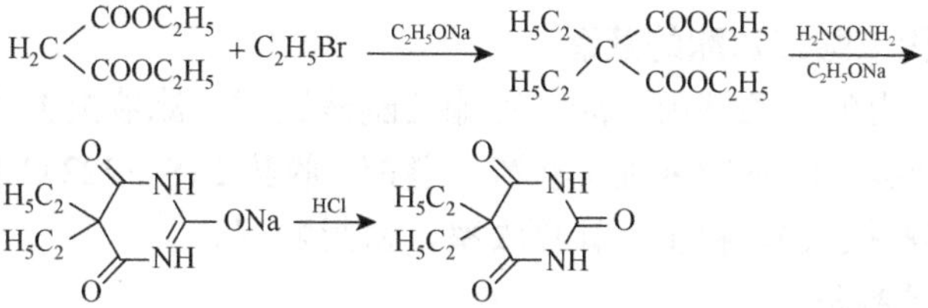

图 2-2 巴比妥的合成路线

三、实验设备与实验材料

（一）实验设备

回流装置，蒸馏装置，磁力加热搅拌器，分液漏斗，恒压滴液漏斗，真空泵，抽滤瓶，克氏蒸馏头等。

（二）实验材料

无水乙醇，金属钠，沸石，邻苯二甲酸二乙酯，无水硫酸铜，丙二酸二乙酯，溴乙烷，乙醚，无水硫酸钠，尿素，盐酸等。

四、实验步骤与结果

1. 绝对乙醇的制备

在装有球形冷凝管（顶端附氯化钙干燥管）的 250ml 圆底烧瓶中，加入 180ml 无水乙醇、2g 金属钠及几粒沸石，加热回流 30min。加入 6ml 邻苯二甲酸二乙酯，再回流 10min。将回流装置改为蒸馏装置，蒸去前馏分。用干燥圆底烧瓶作接收器，蒸馏至几乎无液滴流出为止。量其体积，计算回收率，密封贮存。

检验乙醇是否含有水分，常用的方法是：取一支干燥试管，加入制得的绝对乙醇 1ml，随即加入少量无水硫酸铜粉末。如乙醇中含有水分，则无水硫酸铜变为蓝色硫酸铜。

2. 二乙基丙二酸二乙酯的制备

在装有滴液漏斗及球形冷凝管（顶端附氯化钙干燥管）的 250ml 三颈瓶中，加入制备的绝对乙醇 75ml，分次加入 6g 金属钠。待缓慢反应时，开始搅拌，用油浴加热（油浴温度不高于 90℃）。金属钠消失后，由滴液漏斗加入 18ml 丙二酸二乙酯，10~15min 加完，然后回流 15min。当油浴温度降至 50℃ 以下时，慢慢滴加 20ml 溴乙烷，约 15min 加完，继续回流 2.5h。将回流装置改为蒸馏装置，蒸去乙醇（但不要蒸干），放冷，残渣用 40~45ml 水溶解，转到分液漏斗中，分取酯层和水层，水层用乙醚萃取 3 次（每次用乙醚 20ml），合并酯与醚的提取液。再用 20ml 的水洗涤 1 次，醚液倾入 125ml 锥形瓶内，加无水硫酸钠 5g，放置。

3. 二乙基丙二酸二乙酯的蒸馏

将上一步制得的二乙基丙二酸二乙酯乙醚液过滤，滤液蒸去乙醚。瓶内剩余液用装有空气冷凝管的蒸馏装置于沙浴上蒸馏，收集218~222℃馏分（用预先称量的50ml锥形瓶接收），称重，计算收率，密封贮存。

4. 巴比妥的制备

在装有搅拌器、球形冷凝管（顶端附氯化钙干燥管）及温度计的250ml三颈瓶中加入50ml绝对乙醇，分次加入2.6g金属钠，待反应缓慢进行时，开始搅拌。金属钠消失后，加入10g二乙基丙二酸二乙酯、4.4g尿素，加完后，随即使内浴升温至80~82℃。停止搅拌，保温反应80min（反应正常时，停止搅拌5~10min后，料液中有小气泡逸出，并逐渐呈微沸状态，有时较激烈）。反应毕，将回流装置改为蒸馏装置。在搅拌下慢慢蒸去乙醇，至常压不易蒸出时，再减压蒸馏尽。残渣用80ml水溶解，倾入盛有18ml稀盐酸（盐酸∶水＝1∶1）的250ml烧杯中，调pH至3~4，析出结晶，抽滤，得粗品。

5. 精制

粗品称重，置于150ml锥形瓶中，用水（16ml/g）加热使其溶解，加入少许活性炭脱色15min，趁热抽滤，滤液冷至室温，析出白色结晶，抽滤，水洗，烘干，测熔点，计算收率。

五、注意事项

绝对乙醇是纯度100%的乙醇。在常温常压下是一种易燃、易挥发的无色透明液体，低毒性，纯液体不可直接饮用；具有特殊香味，并略带刺激；微甘，并伴有刺激的辛辣滋味。易燃，其蒸气能与空气形成爆炸性混合物，能与水以任意比互溶。实验过程中一定要注意操作安全。

六、思考题

（1）制备无水试剂时应注意什么问题？为什么在加热回流和蒸馏时冷凝管的顶端和接收器支管上要附氯化钙干燥管？

（2）对于液体产物，通常如何精制？本实验用水洗涤提取液的目的是什么？

实验二　苯妥英钠的合成

一、实验目的

（1）学习安息香缩合反应的原理和应用氰化钠及维生素B_1为催化剂进行反应的实验方法。

（2）了解剧毒药氰化钠的使用规则。

二、实验原理

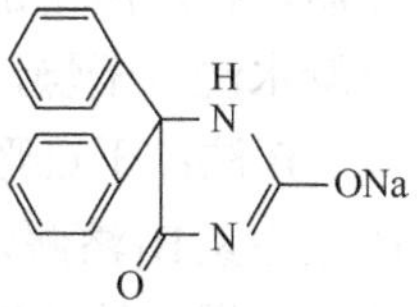

苯妥英钠为抗癫痫药，适于治疗癫痫大发作，也可用于三叉神经痛及某些类型的心律不齐。苯妥英钠化学名为 5,5-二苯基乙内酰脲，化学结构式见图 2-3。

图 2-3 苯妥英钠的化学结构式

苯妥英钠为白色粉末，无臭、味苦。微有吸湿性，易溶于水，能溶于乙醇，几乎不溶于乙醚和氯仿。

苯妥英钠的合成路线见图 2-4。

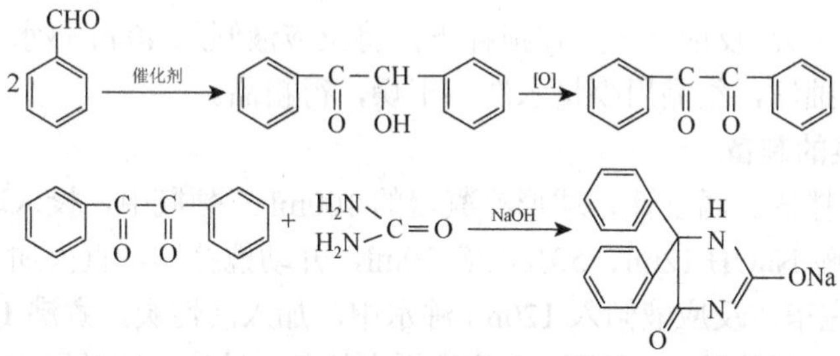

图 2-4 苯妥英钠的合成路线

三、实验设备与实验材料

（一）实验设备

锥形瓶（250ml），冰水浴缸，漏斗，三颈瓶（100ml），球形冷凝管，干燥管（连有导气管），量筒（100ml、50ml），烧杯（250ml、50ml），抽滤瓶，滴管（1ml）等。

电热恒温鼓风干燥箱，真空干燥箱，集热式恒温加热磁力搅拌器，磁力搅拌器，电子天平，循环水真空泵，显微熔点仪。

（二）实验材料

苯甲醛，氰化钠（NaCN），硝酸，维生素 B_1，尿素，无水乙醇，浓盐酸，氢氧化钠，活性炭等。

四、实验步骤

1. 安息香的制备

A 法：在装有搅拌器、温度计、球形冷凝器的 100ml 三颈瓶中，依次投入苯甲醛 12ml、乙醇 20ml。用 20% NaOH 调 pH 至 8，小心加入氰化钠 0.3g，开动搅拌器，在水浴上加热回流 1.5h。反应完毕，充分冷却，析出结晶，抽滤，结晶用少量水洗，干燥，得安息香粗品。

B 法：于锥形瓶内加入维生素 B_1 2.7g、水 10ml、95%乙醇 20ml。不时摇动，待维生素 B_1 溶解，加入 2mol/L NaOH 7.5ml，充分摇动，加入新蒸馏的苯甲醛 7.5ml，放置一周。抽滤得淡黄色结晶，用冷水洗，得安息香粗品。

2. 联苯甲酰的制备

在装有搅拌器、温度计、球形冷凝器的 100ml 三颈瓶中，投入安息香 6g、稀硝酸（HNO_3：H_2O = 1：0.6）15ml。开动搅拌器，用油浴加热，逐渐升温至 110～120℃，反应 2h（反应中产生的一氧化氮气体，可从冷凝器顶端装一导管，将其通入水池中排出）。反应完毕，在搅拌下，将反应液倾入 40ml 热水中，搅拌至结晶全部析出。抽滤，结晶用少量水洗，干燥，得粗品。

3. 苯妥英的制备

在装有搅拌器、温度计、球形冷凝器的 100ml 三颈瓶中，投入联苯甲酰 4g、尿素 1.4g、20% NaOH 12ml、50%乙醇 20ml，开动搅拌器，直火加热，回流反应 30min。反应完毕，反应液倾入 120ml 沸水中，加入活性炭，煮沸 10min，放冷，抽滤。滤液用 10%盐酸调 pH 至 6，放置析出结晶，抽滤，结晶用少量水洗，得苯妥英粗品。

4. 成盐与精制

将苯妥英粗品置 100ml 烧杯中，使粗品与水比例为 1：4，水浴加热至 40℃，加入 20% NaOH 至全溶，加活性炭少许，在搅拌下加热 5min，趁热抽滤，滤液加氯化钠至饱和。放冷，析出结晶，抽滤，少量冰水洗涤，干燥得苯妥英钠，称重，计算收率。

五、注意事项

1）氰化钠为剧毒药品，微量即可致死，故使用时应严格遵守下列规则：①使用时必须戴好口罩、手套。若手上有伤口，应预先用胶布贴好。②称量和投料时，避免撒落他处，一旦撒出，可在其上倾倒过氧化氢溶液，稍过片刻，再用湿抹布抹去即可。粘有氰化钠的容器、称量纸等要按上法处理，不允许不加处理乱丢乱放。③投入氰化钠前，一定要用 20% NaOH 调 pH 至 8。pH 低于 8，可产生剧毒的氰化氢气体（氰化氢为无色气体，空气中最高允许量为 $10\mu l/L$）。

2）硝酸为强氧化剂，使用时应避免与皮肤、衣服等接触。氧化过程中，硝酸被还原产生一氧化氮气体，该气体具有一定刺激性，故须控制反应温度，以防止反应激烈，大量一氧化氮气体逸出。

3）制备钠盐时，水量稍多，可使收率受到明显影响，要严格按比例加水。

六、思考题

（1）试述 NaCN 及维生素 B_1 在安息香缩合反应中的作用（催化机制）。

（2）制备联苯甲酰时，反应温度为什么要逐渐升高？氧化剂为什么不用硝酸，而用稀硝酸？

（3）苯妥英钠精制的原理是什么？

实验三　对乙酰氨基酚的合成

一、实验目的

（1）了解选择性乙酰化的方法，掌握药物的精制、杂质检查、结构鉴定等方法与技能。

（2）掌握易被氧化产品的重结晶精制方法。

二、实验原理

对乙酰氨基酚为白色结晶性粉末，无臭味，微苦。在热水或乙醇中易溶，在丙酮中溶解，在水中略溶。熔点 168～172℃。

对乙酰氨基酚的合成路线见图 2-5。

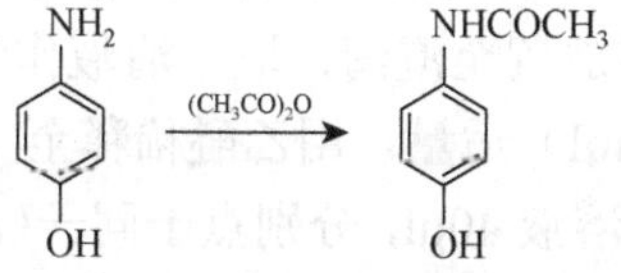

图 2-5　对乙酰氨基酚的合成路线

三、实验设备与实验材料

（一）实验设备

锥形瓶（100ml），温度计（250℃），玻璃棒，吸滤瓶（1000ml），布氏漏斗（80mm），量筒（50ml 或 100ml），表面皿，烧杯，水浴加热装置等。

（二）实验材料

对氨基苯酚，亚硫酸氢钠，碱性硝普钠，乙酸酐，蒸馏水，活性炭等。

四、实验步骤

1. 对乙酰氨基酚的制备

于干燥的 100ml 锥形瓶中加入 10.6g 对氨基苯酚、30ml 蒸馏水、12ml 乙酸酐，轻轻振摇使成均相。于 80℃水浴中加热反应 30min，放冷析晶，过滤。用 10ml 冷蒸馏水将滤饼洗 2 次，抽干，干燥，得白色结晶性对乙酰氨基酚粗品。

2. 精制

于 100ml 锥形瓶中加入对乙酰氨基酚粗品。加蒸馏水 5ml，加热使其溶解。稍冷后加入 1g 活性炭，煮沸 5min。在吸滤瓶中加入 0.5g 亚硫酸氢钠，趁热过滤。滤液放冷析晶，过滤。用 0.5%亚硫酸氢钠溶液 5ml 分 2 次洗涤滤饼，抽干，得白色对乙酰氨基酚纯品。

3. 对乙酰氨基酚的鉴别

1）取对乙酰氨基酚 0.1g，加 5ml 稀盐酸，置水浴中加热 40min，放冷；取 0.5ml，滴加亚硝酸钠试液 5 滴，摇匀，用 3ml 水稀释后，加碱性 β-萘酚试液 2ml，振摇，即显红色。

2）红外吸收光谱应与对照图谱一致。

3）熔点 168～172℃。

五、实验结果（对乙酰氨基酚的验证）

1. 有关物质

取 1.0g 对乙酰氨基酚，置于具塞离心管或刻度管中，加 5ml 乙醚，立即盖紧塞子，振摇 30min，离心或放置至澄清，取上清液作为供试品溶液；另取对氯苯乙酰胺的乙醇溶液（1.0mg/ml）适量，用乙醚稀释至 50μg/ml 作为对照溶液。吸取供试品溶液 200μl 与对照溶液 40μl，分别点于同一硅胶 GF_{254} 薄层板上。以三氯甲烷-丙酮-甲苯（13∶5∶2）为展开剂，展开，晾干，置紫外线灯（254nm）下检视，供试品溶液如显杂质斑点，与对照溶液的主斑点比较，不得更深。

2. 对氨基苯酚

取 1.0g 对乙酰氨基酚，加甲醇溶液（将对乙酰氨基酚加入甲醇溶液中）20ml 溶解后，加 1ml 碱性硝普钠试液，摇匀，放置 30min；如显色，与对乙酰氨基酚对照品 1.0g 加对氨基苯酚 50μg 用同一方法制成的对照液比较，不得更深（0.005%）。

六、注意事项

1）对氨基苯酚的质量是影响对乙酰氨基酚产量、质量的关键。

2）酰化反应中，加水 30ml。有水存在，乙酸酐可选择性地酰化氨基而不与酚羟基作用。若以乙酸代替乙酸酐，则难以控制氧化副反应，反应时间长，产品质量差。

3）加亚硫酸氢钠可防止对乙酰氨基酚被空气氧化，但亚硫酸氢钠浓度不宜过高，否则会影响产品质量。

七、思考题

（1）酰化反应为何选用乙酸酐而不用乙酸作酰化剂？
（2）加亚硫酸氢钠的目的何在？
（3）对乙酰氨基酚中的特殊杂质是何物？它是如何产生的？

实验四　盐酸普鲁卡因的合成

一、实验目的

（1）通过局部麻醉药盐酸普鲁卡因的合成，学习酯化、还原等单元反应。
（2）掌握利用水和二甲苯共沸脱水的原理进行羧酸的酯化操作。
（3）掌握水溶性大的盐类用盐析法进行分离及精制的方法。

二、实验原理

盐酸普鲁卡因为局部麻醉药，作用强，毒性低。临床上主要用于浸润、脊椎及传导麻醉。盐酸普鲁卡因化学名为对氨基苯甲酸-2-二乙氨基乙酯盐酸盐，化学结构式见图 2-6。

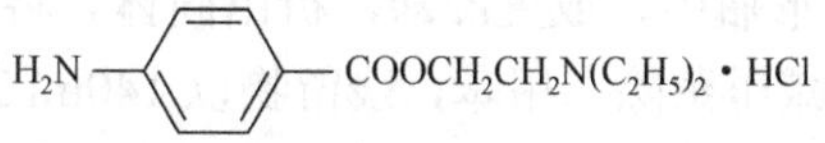

$$H_2N-\underset{}{\bigcirc}-COOCH_2CH_2N(C_2H_5)_2 \cdot HCl$$

图 2-6　盐酸普鲁卡因的化学结构式

盐酸普鲁卡因为白色细微针状结晶或结晶性粉末，无臭，味微苦而麻。熔点 153～157℃。易溶于水，溶于乙醇，微溶于氯仿，几乎不溶于乙醚。

盐酸普鲁卡因的合成路线见图 2-7。

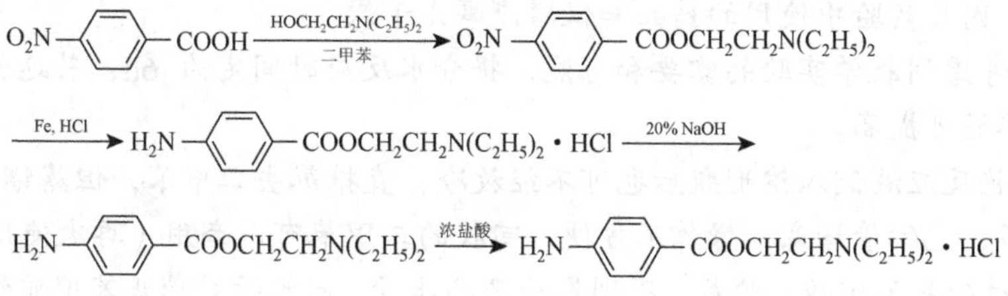

$$O_2N-\bigcirc-COOH \xrightarrow[\text{二甲苯}]{HOCH_2CH_2N(C_2H_5)_2} O_2N-\bigcirc-COOCH_2CH_2N(C_2H_5)_2$$

$$\xrightarrow{Fe, HCl} H_2N-\bigcirc-COOCH_2CH_2N(C_2H_5)_2 \cdot HCl \xrightarrow{20\% NaOH}$$

$$H_2N-\bigcirc-COOCH_2CH_2N(C_2H_5)_2 \xrightarrow{\text{浓盐酸}} H_2N-\bigcirc-COOCH_2CH_2N(C_2H_5)_2 \cdot HCl$$

图 2-7　盐酸普鲁卡因的合成路线

三、实验设备与实验材料

(一)实验设备

三颈瓶(500ml/24mm,3个),锥形瓶(250ml),球形冷凝管(290ml/24mm,2个),蒸馏烧瓶,抽滤瓶(250ml),布氏漏斗(60ml),分水器(24mm×2mm),温度计(200℃),克氏蒸馏头(24mm×2mm、14mm×2mm),圆底瓶(250ml/24mm),旋转蒸发器 RE-52AA(电热套型号为 DW),循环水式真空泵 SHZ-D(Ⅲ)等。

(二)实验材料

对硝基苯甲酸,β-二乙氨基乙醇,二甲苯,沸石,3%盐酸,20%氢氧化钠,饱和硫化钠,粗制食盐,冷乙醇,保险粉($Na_2S_2O_4$),活化的铁粉,活性炭等。

四、实验步骤

(一)对硝基苯甲酸-β-二乙氨基乙醇(俗称硝基卡因)的制备

在装有温度计、分水器及回流冷凝器的 500ml 三颈瓶中,投入对硝基苯甲酸 20g、β-二乙氨基乙醇 14.7g、二甲苯 150ml 及沸石,油浴加热至回流(注意控制温度,油浴温度约为 180℃,内温约为 145℃),共沸脱水 6h。撤去油浴,稍冷,将反应液倒入 250ml 锥形瓶中,放置冷却,析出固体。将上清液用倾泻法转移至减压蒸馏烧瓶中,水泵减压蒸除二甲苯,残留物以 140ml 3%盐酸溶解,并与锥形瓶中的固体合并,过滤,除去未反应的对硝基苯甲酸,滤液(含硝基卡因)备用。

注释:

1)羧酸和醇之间进行的酯化反应是一个可逆反应。反应达到平衡时,生成酯的量比较少(约65.2%),为使平衡向右移动,需向反应体系中不断加入反应原料或不断除去生成物。本反应利用二甲苯和水形成共沸混合物的原理,将生成的水不断除去,从而打破平衡,使酯化反应趋于完全。由于水的存在对反应产生不利的影响,因此实验中使用的药品和仪器应事先干燥。

2)考虑到教学实验的需要和可能,将分水反应时间定为 6h,若延长反应时间,收率还可提高。

3)将反应液倒入锥形瓶后也可不经放冷,直接蒸去二甲苯,但蒸馏至后期,固体增多,毛细管堵塞,操作不方便。回收的二甲苯可以套用(再次使用)。

4)对硝基苯甲酸应除尽,否则影响产品质量,回收的对硝基苯甲酸经处理后可以套用。

（二）对氨基苯甲酸-β-二乙氨基乙醇酯的制备

将上步得到的滤液转移至装有搅拌器、温度计的 500ml 三颈瓶中，搅拌过程中用 20%氢氧化钠调 pH 至 4.0～4.2。充分搅拌下，于 25℃分次加入活化的铁粉，反应温度自动上升，注意控制温度不超过 70℃（必要时可冷却），待铁粉加毕，于 40～45℃保温反应 2h。抽滤，滤渣以少量水洗涤两次，滤液用稀盐酸酸化 pH 至 5。滴加饱和硫化钠溶液调 pH 至 7.8～8.0，沉淀反应液中的铁盐，抽滤，滤渣以少量水洗涤两次，滤液用稀盐酸调 pH 至 6。加少量活性炭，于 50～60℃保温反应 10min，抽滤，滤渣用少量水洗涤一次，将滤液冷却至 10℃以下，用 20%氢氧化钠碱化至普鲁卡因全部析出（pH 9.5～10.5），过滤，得普鲁卡因，备用。

注释：

1）铁粉活化的目的是除去其表面的铁锈，方法是：取铁粉 47g，加水 100ml，浓盐酸 0.7ml，加热至微沸，用水倾泻法洗至近中性，置水中保存待用。

2）该步骤反应为放热反应，铁粉应分次加入，以免反应过于激烈，加入铁粉后温度自然上升。铁粉加毕，待其温度降至 45℃进行保温反应。在反应过程中铁粉参加反应后，生成绿色沉淀 $Fe(OH)_2$，接着变成棕色 $Fe(OH)_3$，然后转变成棕黑色的 Fe_3O_4。因此，在反应过程中应经历绿色、棕色、棕黑色的颜色变化。若不转变为棕黑色，可能反应尚未完全。可补加适量铁粉，继续反应一段时间。

3）除铁时，因溶液中有过量的硫化钠存在，加酸后可使其形成胶体硫，加活性炭后过滤，便可将其除去。

（三）盐酸普鲁卡因的制备

1. 成盐

将普鲁卡因置于烧杯中，慢慢滴加浓盐酸至 pH 5.5，加热至 60℃，加精制食盐至饱和，升温至 60℃，加入适量保险粉，再加热至 65～70℃，趁热过滤，滤液冷却结晶，待冷至 10℃以下，过滤，即得盐酸普鲁卡因粗品。

2. 精制

将粗品置烧杯中，滴加蒸馏水至维持在 70℃时恰好溶解。加入适量的保险粉，于 70℃保温反应 10min，趁热过滤，滤液自然冷却，当有结晶析出时，外用冰浴冷却，使结晶析出完全。过滤，滤饼用少量冷乙醇洗涤两次，干燥，得盐酸普鲁卡因，熔点 153～157℃，以对硝基苯甲酸计算总收率。

注释：

1）盐酸普鲁卡因水溶性很大，所用仪器必须干燥，用水量需严格控制，否则影响收率。

2）严格控制 pH 5.5，以免芳氨基成盐。

3）保险粉为强还原剂，可防止芳氨基氧化，同时可除去有色杂质，以保证产品色泽洁白，若用量过多，则成品含硫量不合格。

五、思考题

（1）在盐酸普鲁卡因的制备过程中，为何用对硝基苯甲酸先将原料酯化，然后再进行还原，能否反之，先还原后酯化？为什么？

（2）酯化反应中，为何加入二甲苯作溶剂？

（3）酯化反应结束后，放冷除去的固体是什么？为什么要除去？

（4）在铁粉还原过程中，为什么会发生颜色变化？请说出其反应机制。

（5）还原反应结束，为什么要加入硫化钠？

（6）在盐酸普鲁卡因成盐和精制时，为什么要加入保险粉？请解释其原理。

实验五　阿司匹林的合成

一、实验目的

（1）通过本实验，掌握阿司匹林的性状、特点和化学性质。

（2）熟悉和掌握酯化反应的原理和实验操作。

（3）进一步巩固和熟悉重结晶的原理和实验方法。

（4）了解阿司匹林中杂质的来源和鉴别方法。

二、实验原理

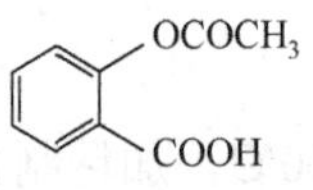

图 2-8　阿司匹林的
化学结构式

阿司匹林（乙酰水杨酸）为解热镇痛药，用于治疗伤风、感冒、头痛、发烧、神经痛、关节痛及风湿病等。近年来，又证明其具有抑制血小板聚集的作用，其治疗范围又进一步扩大到预防血栓形成，治疗心血管疾患。阿司匹林化学名为2-乙酰氧基苯甲酸，化学结构式见图2-8。

阿司匹林为白色针状或板状结晶，熔点 135～140℃，易溶于乙醇，可溶于氯仿、乙醚，微溶于水。

阿司匹林的合成路线见图 2-9。

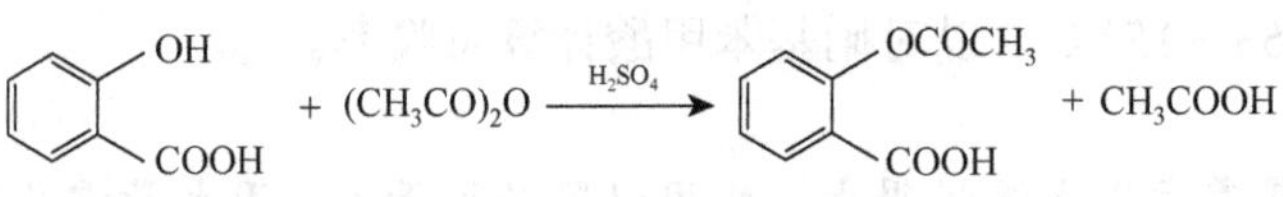

图 2-9　阿司匹林的合成路线

三、实验设备与实验材料

（一）实验设备

三颈瓶，搅拌机，锥形瓶，温度计，水浴锅，铁架台及其附件，玻璃棒，吸滤瓶（布氏漏斗），漏斗，滤纸，烧杯，电子天平，结晶皿，量筒等。

（二）实验材料

水杨酸，乙酸酐，浓硫酸，饱和碳酸氢钠溶液，1%三氯化铁溶液，20%盐酸等。

四、实验步骤

1. 酯化

在装有搅拌棒及球形冷凝管的100ml三颈瓶中，依次加入水杨酸10g、乙酸酐14ml、浓硫酸5滴。开动搅拌机，置油浴加热，待浴温升至70℃时，维持在此温度反应30min。停止搅拌，稍冷，将反应液倾入150ml冷水中，继续搅拌，至阿司匹林（晶体）全部析出。抽滤，并用少量冷水洗涤，抽干，得粗品。

2. 精制

将粗品转入100ml烧杯中，加入饱和碳酸氢钠溶液，边加边搅拌，直到不再有二氧化碳产生。抽滤，除去不溶性聚合物。再将滤液倒入100ml烧杯中，缓慢加入20%盐酸，边加边搅拌，这时会有晶体逐渐析出。将反应混合液置于冰水浴中，使晶体尽量析出。抽滤，用少量冷水洗涤2～3次，然后抽滤至干。取少量乙酰水杨酸，溶入几滴乙醇中，并滴加1～2滴1%三氯化铁溶液，如果发生显色反应，产物可用乙醇-水混合溶剂重结晶，即先将粗品溶于少量的沸乙醇中，再向乙醇溶液中添加热水至溶液中出现混浊，再加热至溶液澄清，静置、冷却、过滤、干燥、称量、测定熔点并计算产率。

五、实验结果

1. 阿司匹林的检查

取阿司匹林0.1g，加乙醇1ml溶解后，加冷水适量，制成50ml溶液。立即加入新鲜配制的稀硫酸铁铵溶液1ml，摇匀。30s内如显色，与用1mg水杨酸制备的对照液比照，不得更深（1%）。

2. 阿司匹林的鉴别

1）取阿司匹林0.1g，加水10ml，煮沸，放冷，加三氯化铁试液1滴，即显紫堇色。

2）利用熔点测定仪测定所得产物的熔点，与文献值对照。

3）红外吸收光谱应与阿司匹林标准品的图谱一致。

六、注意事项

1）仪器要全部干燥，药品也要经干燥处理，乙酸酐要使用新蒸馏的，收集139～140℃的馏分。

2）注意控制好温度（水温 70℃以上）。

3）几次结晶都比较困难，要有耐心。在冰水冷却下，用玻璃棒充分摩擦器皿壁，才能结晶出来。

4）由于产品微溶于水，因此水洗时，要用少量冷水洗涤，用水不能太多。

5）有机化学实验中温度高，反应速度快；但温度过高，副反应增多。

七、思考题

（1）向反应液中加入少量浓硫酸的目的是什么？是否可以不加？为什么？

（2）本反应可能发生哪些副反应？产生哪些副产物？

（3）阿司匹林精制选择溶媒依据什么原理？为何滤液要自然冷却？

实验六　扑炎痛的合成

一、实验目的

（1）了解拼合原理在药物化学中的应用，了解酯化反应在药物化学结构修饰中的应用。

（2）复习药物设计的结构修饰原理。

（3）掌握反应中有害气体的吸收方法。

二、实验原理

解热镇痛药扑炎痛（贝诺酯，benorylate）是阿司匹林和扑热息痛（对乙酰氨基酚）的酯化物，它既保留了二者原有的治疗作用，又有协同作用，用于风湿性关节炎及其他发热而引起的中等疼痛的治疗。本品对胃的刺激较小，毒性低，作用时间长。

扑炎痛的合成路线见图 2-10。

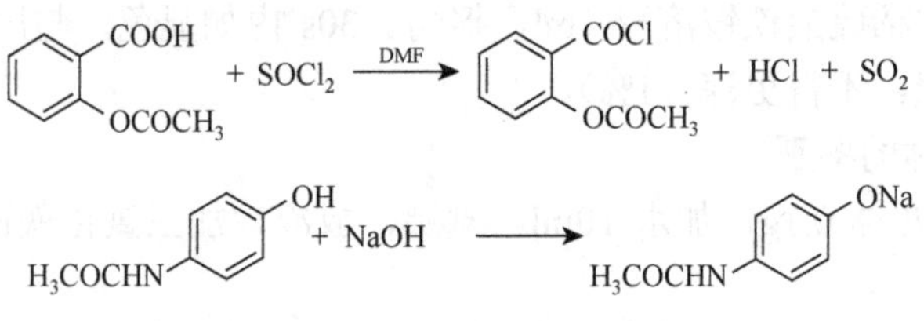

图 2-10　扑炎痛的合成路线

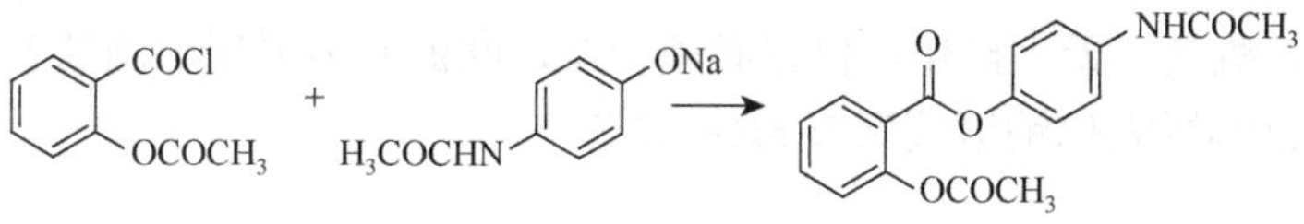

图 2-10 扑炎痛的合成路线（续）

三、实验设备与实验材料

（一）实验设备

圆底烧瓶，三颈烧瓶，恒压滴液漏斗，温度计，球形冷凝管，石棉网，铁环，铁架台，调压器，加热套，磁力搅拌器等。

（二）实验材料

阿司匹林，二甲基甲酰胺（DMF），氯化亚砜，无水丙酮，扑热息痛，氢氧化钠，95%乙醇，活性炭等。

四、实验步骤

1. 乙酰水杨酰氯的制备

将 4.5g 阿司匹林和 1～2 滴 DMF 加入 100ml 干燥三颈烧瓶中，搅拌下缓缓滴入 3.5g 新蒸氯化亚砜，滴加过程中控制内温≤30℃。滴加完后继续搅拌，并缓缓加热至 65℃，保温至无尾气产生，水泵减压蒸出过量氯化亚砜，冷却即得乙酰水杨酰氯（此物可不经进一步处理直接用于下步反应），备用。

2. 扑炎痛粗品的制备

将刚制备的乙酰水杨酰氯转移到恒压滴液漏斗中，用 3ml 无水丙酮洗涤三颈瓶，合并于滴液漏斗中。于 100ml 三颈瓶中，加 18ml 水、1.4g 氢氧化钠。搅拌溶解后，在 0℃左右缓缓加入 3.2g 扑热息痛，待溶液澄清后；冰盐浴冷却，均匀滴加上步制得的乙酰水杨酰氯，滴加过程中控制内温为 0～5℃。滴加完毕后，调节溶液pH≥13.5，保温搅拌半小时。抽滤，所得沉淀用冰水洗至中性，得扑炎痛粗品。

3. 重结晶

将粗品加于适量的 95%乙醇中（为粗品量的 6～7 倍），水浴加热回流溶解，稍冷，加入适量的活性炭脱色半小时，趁热抽滤，滤液放置自然降温至 10℃以下，析出结晶，抽滤，用少量乙醇洗涤，干燥，称量，用熔点仪测熔点（文献值熔点175～176℃），计算收率。

五、注意事项

1）氯化亚砜对眼有刺激性，对皮肤有腐蚀性，应在通风橱中取用。酰氯化反应中产生的尾气有毒，要安装尾气吸收装置。

2）制备酰氯需无水操作，仪器必须干燥，回流时需采用防潮装置。

3）用 20%氢氧化钠溶液调节 pH≥13.5。

六、思考题

（1）乙酰水杨酰氯的制备，操作上应注意哪些事项？

（2）扑炎痛的制备，为什么采用先制备对乙酰胺基酚钠，再与乙酰水杨酰氯进行酯化，而不直接酯化？

（3）通过本实验说明酯化反应在结构修饰上的意义。

实验七　硝苯地平的合成

一、实验目的

（1）了解硝化反应的种类、特点及操作条件。

（2）学习硝化剂的种类和不同应用范围。

（3）学习环合反应的种类、特点及操作条件。

二、实验原理

硝苯地平为黄色无臭无味的结晶粉末，熔点 162～164℃，无吸湿性，极易溶于丙酮、二氯甲烷、氯仿，溶于乙酸乙酯，微溶于甲醇、乙醇，几乎不溶于水，是一种二氢吡啶钙离子拮抗剂。而二氢吡啶钙离子拮抗剂具有很强的扩血管作用，适用于冠脉痉挛、高血压、心肌梗死等症。

硝苯地平的合成路线见图 2-11。

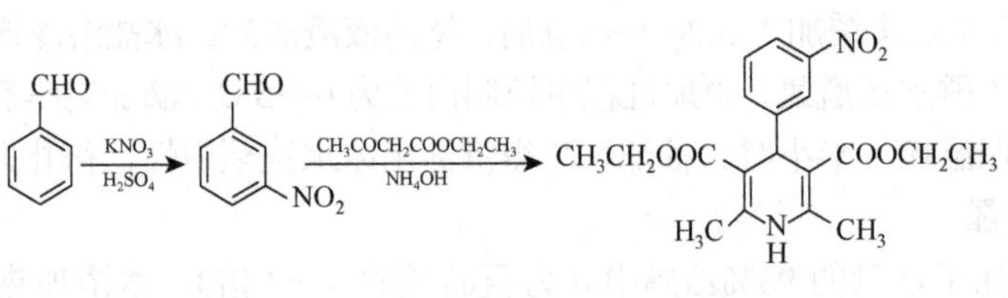

图 2-11　硝苯地平的合成路线

三、实验设备与实验材料

（一）实验设备

玻璃棒，温度计，滴液漏斗，三颈瓶，磁力搅拌器，乳钵，球形冷凝管，圆底烧瓶，蒸馏装置等。

（二）实验材料

硝酸钾，浓硫酸，苯甲醛，碳酸钠，乙酰乙酸乙酯，甲醇氨，沸石等。

四、实验步骤

1. 硝化

在装有搅拌棒、温度计和滴液漏斗的 250ml 三颈瓶中，将 11g 硝酸钾溶于 40ml 浓硫酸中。用冰盐浴冷至 0℃以下，在强烈搅拌下，慢慢滴加苯甲醛 10g（在 60～90min 滴完），滴加过程中控制反应温度在 0～2℃。滴加完毕，控制反应温度在 0～5℃继续反应 90min。将反应物慢慢倾入约 200ml 冰水中，边倒边搅拌，析出黄色固体，抽滤。滤渣移至乳钵中，研细，加入 5%碳酸钠溶液 20ml（由 1g 碳酸钠加 20ml 水配成）研磨 5min，抽滤，用冰水洗涤 7～8 次，压干，得间硝基苯甲醛，自然干燥，测熔点（熔点 56～58℃），称重，计算收率。

2. 环合

在装有球形冷凝管的 100ml 圆底烧瓶中，依次加入间硝基苯甲醛 5g、乙酰乙酸乙酯 9ml、甲醇氨饱和溶液 30ml 及沸石一粒，油浴加热回流 5h，然后改为蒸馏装置，蒸出甲醇至有结晶析出为止，抽滤，结晶用 95%乙醇 20ml 洗涤，压干，得黄色结晶性粉末，干燥，称重，计算收率。

3. 精制

粗品用 95%乙醇重结晶，干燥，测熔点，称重，计算收率。

五、注意事项

甲醇氨饱和溶液应新鲜配制。

六、思考题

硫酸在本实验中起什么作用？

第三章　生物制药工艺学实验

第一节　生物制药工艺学实验理论基础

一、生物药物概述

生物药物，是以动物、植物及微生物为原料（包括组织、细胞、细胞器、细胞成分、代谢组分）加工制成的药物。由于生物药物本质是生物体内存在的天然活性物质，且其治疗作用是基于人体的生理生化机制发挥的，因此生物药物具有活性高、特异性强、毒副作用少等优点，具有广泛的开发和应用前景。

现代生物药物可分以下四大类。

1）重组蛋白、多肽药物，是指应用基因工程技术和蛋白质工程技术制造的重组活性蛋白质、多肽及其修饰物。

2）基因药物，是指以遗传物质 DNA、RNA 为物质基础制造的药物。包括基因治疗用的重组目的 DNA 片段、基因疫苗、反义药物和核酶等。

3）天然生物药物，是指以动植物组织为原料的传统生化药及以微生物发酵生产的抗生素及其他初级或次级代谢产物药，如免疫抑制剂。

4）合成或半合成生物药物，如常见的半合成抗生素。

二、生物药物的一般制备工艺

根据生物制药工艺过程的先后顺序，生物制药工艺技术可以分为上游工艺技术、中游工艺技术和下游工艺技术。

上游工艺技术主要包括：①重组 DNA 药物的重组表达载体及基因工程生产菌株的构建，基因药物的设计等；②微生物制药菌株的分子生物学技术育种及传统的诱变育种。

中游工艺技术主要包括：①动植物细胞的工业化培养技术；②微生物发酵工艺过程。

下游工艺技术则是生物活性药物的分离纯化工艺的总称，主要包括：①生物材料的预处理工艺；②细胞破碎工艺；③离心或常规过滤等固液分离工艺；④有机溶剂萃取、双水相萃取、超临界萃取等萃取分离工艺；⑤盐析、有机溶剂沉淀、结晶等固相析出分离工艺；⑥超滤膜分离工艺；⑦吸附分离工艺；⑧蛋白质分离的凝胶层析分离工艺；⑨离子交换层析分离工艺；⑩亲和层析分离工艺；⑪制备型高效液相色谱分离工艺。

上游、中游、下游生物制药工艺技术对于药物的高效制备，降低生产成本，具有同等的重要性。事实上，由于生物药物活性物质在生物材料中的含量极低，易失活，相反杂质种类多，含量高，生物制药下游分离工艺过程的成本，占药物生产总成本的 60%～70%，因此开发高效、合理的分离工艺技术是降低生物药物生产成本最有效的方法。

综上，本章的实验设置主要侧重于生物制药下游分离提取工艺，且尽量使每个实验具有一定的代表性，以期通过实验训练，加深学生对生物制药工艺的理解，提高实验操作能力。

三、生物制药工艺学常用实验设备简介

（一）紫外-可见分光光度计

1. 紫外-可见分光光度计的工作原理

紫外-可见分光光度法是利用物质分子对紫外-可见光谱区辐射的吸收来进行分析的一种仪器分析方法。这种分子吸收光谱产生于价电子和分子轨道上的电子在电子能级间的跃迁，分子中的某些基团吸收了紫外-可见辐射光后，发生了电子能级跃迁而产生的带状吸收光谱，反映了分子中某些基团的信息，可以广泛用于无机和有机物质的定性和定量分析。根据 Lambert-Beer 定律：$A = \varepsilon bc$（A 为吸光度，ε 为摩尔吸光系数，b 为液池厚度，c 为溶液浓度），可以对溶液进行定量分析。

各种型号的紫外-可见分光光度计，就其基本结构来说，都是由 5 个基本部分组成的，即光源、单色器、吸收池、检测器及信号指示系统。

2. 紫外-可见分光光度计测样不准确或不稳定的原因

1）紫外区应使用石英比色皿而错用玻璃比色皿；比色皿透光面有污迹或质量不达标。

2）参数设置不当，如比色池设置与设备不符，所用设备是 5 个试样池构造，而设置成 8 个试样池等。

3）测量前，未放置空白参比液，进行校零操作。

4）空白值过大，或样品浓度太大，超出了吸光度测量的线性范围，一般样品的吸光度最好在 0.2～0.8，超过 1 会使测量误差增大。

5）比色皿中的样品溶液存在气泡干扰吸光度的测量。

6）钨灯或氘灯的能量过低或过高，应关注开机自检时钨灯或氘灯是否可以正常工作。

（二）离心机

1. 离心机的工作原理

离心就是利用离心机转子高速旋转产生的强大离心力，加快液体中颗粒的沉降速度，把样品中不同沉降系数和浮力密度的物质分离开。利用离心机产生强大的离心力，使微粒克服扩散而产生沉降运动。

2. 离心机的操作

1）准备样品，根据各个转头的要求进行配平，旋紧离心管盖子，对称地放到转头中，旋紧转头盖。

2）若样品对温度比较敏感，可以进行预制冷。设定好条件，关门，等待大约15min，温度降到要求值以下。

3）离心操作，旋紧离心仓里的转头保护盖，根据需要设定离心条件：速度，时间，温度。确认无误后，按 START 键开始离心，待达到设定速度后再离开。

3. 离心机的操作注意事项

1）离心机在升速过程中，如果噪声过大、超出正常水平，应立即停机。

2）严格按照离心机及每个转头规定的转速使用，严禁超速使用。最大的转速取决于所用的吊桶、部件、试管或适配器，可在转头的说明书上查找转速指标。

3）不要使用腐蚀的、有划痕的或有裂纹的转头、吊桶或附件，在操作之前要检查转头、吊桶和附件是否有异常。

4）将转头放入离心机时要轻放，一定要放到位，否则极易损坏驱动轴，且转子要锁紧。

5）每次离心都要保证样品质量均衡。放入离心的物品时要对称放入，保证其平衡。

6）使用完毕，要及时关闭电源，用干抹布擦净污渍和水分。

（三）电子分析天平

1. 电子分析天平的工作原理

电子分析天平采用电磁力与被测物体的重力相平衡的原理来测量物体的质量。秤盘通过支架连杆与线圈连接，线圈置于磁场内。在称量范围内时，被测重物的重力通过连杆支架作用于线圈上。这时在磁场中若有电流通过，线圈将产生一个方向向上的电磁力，当电磁力和被测物体重力大小相等时达到平衡，即处在磁场中的通电线圈，流经其内部的电流 I 与被测物体的质量成正比，只要测出电流 I 即可知道物体的质量 m。

2. 电子分析天平的使用注意事项

电子分析天平在使用过程中，其传感器和电路易受温度影响，且传感器的参数会随工作时间的变化而发生变化，另外，气流、振动、电磁干扰等环境因素也会影响传感器的工作，这些影响因素都会使电子分析天平的读数产生漂移，造成测量误差。在使用过程中，可以通过对电子分析天平的使用条件加以限制，从而将气流、振动、电磁干扰及环境温度的影响降低到最低限度。测量时应在外界无气流影响的条件下进行。

第二节　常见实验方法及基本原理

实验一　超声法提取茶多酚

一、实验目的

（1）学习有机溶剂法提取生物活性物质的一般原理。

（2）了解从茶叶中制备茶多酚的方法。

（3）掌握超声法提取茶多酚的要点。

二、实验原理

茶多酚又称茶鞣或茶单宁，是茶叶中多酚类物质的总称，是以黄烷醇（儿茶素）类为主与少量黄酮及苷组成的复合体，是形成茶叶色、香、味的主要成分之一，也是茶叶中有保健功能的主要成分之一。茶多酚分子中带有多个活性羟基（—OH），可终止人体中自由基链式反应，清除超氧离子。研究表明，茶多酚等活性物质具解毒和抗辐射作用。

超声波萃取法是指利用超声波辐射压强产生的强烈空化效应、机械振动、扰动效应、高的加速度、乳化、扩散、击碎和搅拌作用等多级效应，增大物质分子运动频率和速度，增加溶剂穿透力，从而加速目标成分进入溶剂，促进提取的一种技术。

茶多酚主要成分为儿茶素类物质，包括表儿茶素类和表没食子儿茶素类，而没食子酸丙酯与儿茶素类在结构上具有相同的特点，既具有邻位酚性羟基和连位酚性羟基，又具有羟丙酯基。由于茶多酚中的邻位羟基和连位羟基功能团与酒石酸亚铁发生反应，呈现特定的颜色反应，而对间位羟基和单羟基不显色。因此可以利用没食子酸丙酯作为参照物，酒石酸亚铁作为显色剂，利用分光光度法在 540nm 波长下测定样品的茶多酚含量。研究表明：当溶液 pH 为 7.5 时，茶多酚与酒石酸亚铁能形成稳定的蓝紫色或红紫色络合物，在波长 540nm 处有最大吸收波长。

三、实验设备与实验材料

（一）实验设备

电子天平，超声波清洗仪，紫外-可见分光光度计，比色皿，布氏漏斗，研钵，锥形瓶，量筒，容量瓶等。

（二）实验材料

红茶（市售），无水乙醇，1mg/ml 没食子酸丙酯标准液等。

酒石酸亚铁溶液：1g 硫酸亚铁和 5g 酒石酸钾钠，用水溶解并定容至 1L。

pH 7.5 磷酸盐缓冲液（PBS，0.15mol/L）：首先配制磷酸氢二钠溶液，即取 23.377g 磷酸氢二钠，加水溶解后定容至 1L；再配制磷酸二氢钾溶液，即取 9.078g 磷酸二氢钾，加水溶解后定容至 1L；取上述磷酸氢二钠溶液 85ml 和磷酸二氢钾溶液 15ml 混合均匀，即得 0.15mol/L 磷酸盐缓冲液（pH 7.5）。

四、实验步骤

1. 样品的制备

1）称取 2g 左右的茶叶，研钵中研磨粉碎。

2）将研磨好的茶叶粉末装入锥形瓶中，加入 10%～90% 不同梯度浓度的乙醇溶液 70ml（以 10% 为梯度）。

3）放入超声波清洗仪中，70℃，最大功率，分别超声萃取 1～10min（以 1min 为梯度）。静置冷却至室温，过滤，即为提取样品。

2. 标准曲线的制作

分别按表 3-1 加入没食子酸丙酯标准液（1mg/ml）、蒸馏水、酒石酸亚铁溶液于一系列 25ml 容量瓶中，用 pH 7.5（0.15mol/L）磷酸盐缓冲液稀释至刻度，摇匀，用紫外-可见分光光度计在 540nm 波长分别测定吸光度。

表 3-1　标准曲线测定加样表

	1	2	3	4	5	6	7
没食子酸丙酯标准液/ml	0.0	0.5	1.0	1.5	2.0	2.5	4.0
没食子酸丙酯标准液/mg	0.0	0.5	1.0	1.5	2.0	2.5	4.0
蒸馏水/ml	5.0	4.5	4.0	3.5	3.0	2.5	1.0
酒石酸亚铁溶液/ml	5	5	5	5	5	5	5
磷酸盐缓冲液/ml	15	15	15	15	15	15	15

以容量瓶中没食子酸丙酯的绝对量（mg）为横坐标，吸光度 A 为纵坐标，绘制标准曲线。

3. 样品的测定

在 25ml 容量瓶中，吸取 1ml 样品液，加入蒸馏水 4ml，再加入酒石酸亚铁溶液 5ml，用 pH 为 7.5（0.15mol/L）磷酸盐缓冲液稀释至刻度，摇匀，用紫外-可见分光光度计（可见光）在 540nm 波长处，测出样品的吸光度。根据标准曲线算出没食子酸丙酯的绝对量（mg），并乘以 1.5，再根据茶多酚提取率公式，计算茶多酚的提取率 ρ(mg/ml)。

五、实验结果

1. 标准曲线绘制

以容量瓶中没食子酸丙酯的绝对量（mg）为横坐标，吸光度 A 为纵坐标，绘制标准曲线。

$$y = kx + b \tag{3-1}$$

2. 样品中茶多酚提取率的计算

茶多酚提取率的计算公式如下。

$$\rho = \frac{C \times V \times N}{M} \times 100\% \tag{3-2}$$

式中，ρ 为茶多酚提取率；C 为样品测定液中茶多酚浓度（mg/ml）；V 为滤液的体积（ml）；M 为萃取时所用的茶叶总量（mg）；N 为样品的稀释率。

注释：

1mg 没食子酸丙酯的吸光度相当于 1.5mg 茶多酚的吸光度，即换算系数为 1.5。

六、注意事项

1）研磨茶叶时颗粒不可太细碎，满足茶多酚在乙醇溶液中的充分扩散即可，颗粒太细碎不利于滤液的澄清。

2）过滤时用 2～3 层滤纸，可过滤两次以得到较澄清滤液。

3）样品检测时先用蒸馏水稀释 5 倍左右，以避免吸光度太大。

4）稀释样品尽量使吸光度在 0.2～0.8，吸光度大于 1 会使紫外检测不准确。

七、思考题

（1）试结合有机溶剂提取生物活性物质的原理，阐述乙醇法提取茶多酚的原理。

（2）查阅茶多酚的其他提取及检测方法，比较其优缺点。

实验二 超氧化物歧化酶（SOD）的分离纯化及活力测定

一、实验目的

（1）理解有机溶剂沉淀法在蛋白质生物活性物质提取中的一般原理。

（2）掌握 SOD 的提取、分离、检测等一般步骤。

（3）掌握酶在提取过程中的两个重要参数：回收率和纯化倍数。

二、实验原理

超氧化物歧化酶（SOD）是一种具有抗氧化、抗衰老、抗辐射和消炎作用的药用酶。它可以催化超氧负离子（O_2^-）进行歧化反应，生成氧和过氧化氢：$2O_2^- + H_2 \longrightarrow O_2 + H_2O_2$。大蒜蒜瓣和悬浮培养的大蒜细胞中含有丰富的 SOD，通过研磨组织或者细胞破碎后，可用 0.05mol/L、pH 7.8 的磷酸盐缓冲液体提取。由于 SOD 不溶于丙酮，可用丙酮将其沉淀析出。

SOD 活力通常采用邻苯三酚法测量。邻苯三酚在碱性条件下可迅速自氧化，释放出 O_2^-，生成带色的中间产物，在 325nm 处有最大吸收峰。当有 SOD 存在时，SOD 能催化 O_2^- 发生歧化反应生成 H_2O_2 和 O_2，从而抑制邻苯三酚的自氧化。样品对邻苯三酚自氧化速率的抑制率，可反映样品中 SOD 的含量。邻苯三酚自氧化产生的中间产物在 40s～3min 时自氧化生成的氧化中间产物，在 325nm 处的吸光度与时间有较好的线性关系。因此，检测 40s～3min 时，根据有/无 SOD 存在的情况下邻苯三酚的自氧化速率，即可计算 SOD 的酶活力。

三、实验设备与实验材料

（一）实验设备

离心机，电子天平，紫外-可见分光光度计，比色皿，研钵，锥形瓶，量筒，容量瓶，移液管，移液器，试管等。

（二）实验材料

新鲜蒜瓣，市售。

磷酸盐缓冲液：0.05mol/L，pH 7.8。

氯仿-乙醇混合溶剂：氯仿∶无水乙醇 = 3∶5（V/V）。

丙酮：用前冷却至 4～10℃。

0.1mol/L Tris-HCl 缓冲液：pH 8.2，内含 2mmol/L EDTA。

10mmol/L HCl。

45mmol/L 邻苯三酚：以 10mmol/L HCl 溶解邻苯三酚。

四、实验步骤

1. 组织或细胞破碎

称取约 5g 大蒜蒜瓣，置于研钵中研磨，使组织或细胞破碎。

2. SOD 的提取

向上述破碎的组织或细胞中加入 2～3 倍体积（10ml）的 0.05mol/L、pH 7.8 的磷酸盐缓冲液，继续研磨搅拌 20min，使 SOD 充分溶解到缓冲液中，然后 3000r/min 离心 10min，收集上清液得提取液，留出 1ml 备用，剩余提取液准确量取体积后进行下步实验。

3. 除杂蛋白

在提取液中加入 0.25 倍体积的氯仿-乙醇混合溶剂，搅拌 10min，3000r/min 离心 10min，去除杂蛋白沉淀，收集上清液得粗酶液，留出 1ml 备用，剩余粗酶液准确量取体积后进行下步实验。

4. SOD 的沉淀分离

向上述粗酶液中加入等体积的冷丙酮，搅拌 15min，3000r/min 离心 10min，得 SOD 沉淀。

将 SOD 沉淀溶于少量（5ml）0.05mol/L、pH 7.8 的磷酸盐缓冲液中，再加水 5ml，3000r/min 离心 10min，收集上清液，得 SOD 酶液。准确量取体积。将上述提取液、粗酶液和 SOD 酶液分别取样，测定每种样品的 SOD 活力和蛋白质浓度。

5. SOD 活力测定

邻苯三酚在碱性环境中即可迅速发生自氧化作用。在自氧化过程中产生有色中间物和 O_2^- 自由基，反应开始后溶液逐渐变成黄色。在有 SOD 存在时，O_2^- 自由基被 SOD 催化与 H^+ 结合生成 O_2 和 H_2O_2，从而阻止了中间产物的积累，降低了自氧化速率。中间产物在 325nm 处有最大吸光度，因此可以采用紫外-可见分光光度计测量。

（1）邻苯三酚自氧化速率的测定

在试管中按表 3-2 加入各试剂，加入邻苯三酚后马上计时，迅速摇匀倒入石英比色皿中，在 325nm 波长下，从第 1 分钟开始，每隔 30s 测一次吸光度，测至第 5 分钟。以吸光度为纵坐标，反应时间（min）为横坐标绘制反应曲线，计算邻苯三酚自氧化速率 k_0（直线斜率）。

表 3-2 邻苯三酚自氧化测定加样表

试剂	加样量/ml	
	校零管	测定管
0.1mol/L Tris-HCl 缓冲液（pH 8.2，内含 2mmol/L EDTA）	4.5	4.5
蒸馏水	4.4	4.4
10mmol/L HCl	0.1	—
45mmol/L 邻苯三酚（内含 10mmol/L HCl）	—	0.1
总体积	9.0	9.0

（2）SOD 酶活力测定

在试管中按表 3-3 加入各试剂，加入邻苯三酚后马上计时，迅速摇匀倒入石英比色皿中，在 325nm 波长下，从第 1 分钟开始，每隔 30s 测一次吸光度，测至第 5 分钟。以吸光度为纵坐标，反应时间（min）为横坐标绘制反应曲线，计算加入 SOD 样品后的邻苯三酚自氧化速率 k_1（直线斜率）。

表 3-3　SOD 酶活力测定加样表

试剂	加样量/ml	
	校零管	测定管
0.1mol/L Tris-HCl 缓冲液（pH 8.2，内含 2mmol/L EDTA）	4.5	4.5
蒸馏水	4.3	4.3
10mmol/L HCl	0.1	—
待测样	0.1	0.1
45mmol/L 邻苯三酚（内含 10mmol/L HCl）	—	0.1
总体积	9.0	9.0

（3）酶活力计算

酶活力单位定义：在 1ml 的反应液中，每分钟抑制邻苯三酚自氧化速率达一半时的酶量定义为一个活力单位。

按下式计算样品中 SOD 酶的活力。

$$单位体积活力（U/ml）= \frac{k_0 - k_1}{k_0} \div 50\% \times 反应液总体积 \times \frac{样品液稀释倍数}{加入样品液体积} \quad (3\text{-}3)$$

$$总活力（U）= 单位体积活力 \times 样品液总体积 \quad (3\text{-}4)$$

式中，反应液总体积 = 9ml；样品液稀释倍数 = 1；加入样品液体积 = 0.1ml；活性单位定义体积 = 1ml；样品液总体积 = 实验中各样品实测体积。

6. 样品中可溶性蛋白含量的测定

从 1ml 备用的提取液、粗酶液、酶液中分别取 0.2ml、0.4ml、0.5ml，按提取液 50 倍、粗酶液 20 倍、酶液 10 倍进行稀释，分别测定稀释液在 260nm 和 280nm 波长处的吸光值，按下式计算可溶性蛋白的含量：

$$蛋白质浓度（mg/ml）= (1.45 A_{280}nm - 0.74 A_{260}nm) \times 稀释倍数 \quad (3\text{-}5)$$

$$总蛋白含量（mg）= 蛋白质浓度 \times 样品液总体积 \quad (3\text{-}6)$$

五、实验结果

将实验结果及相应计算结果填入表 3-4。

表 3-4　蛋白活力计算表

	体积/ml	单位体积活力/ (U/ml)	总活力/U	蛋白质浓度/(mg/ml)	总蛋白/mg	比活力/ (U/mg)	回收率/%	纯化倍数
提取液							100	1
粗酶液								
酶液								

相关计算公式：

$$比活力（U/mg）= \frac{总活力（U）}{总蛋白（mg）} \qquad (3-7)$$

$$纯化倍数 = \frac{粗酶液（或酶液）比活力}{提取液比活力} \qquad (3-8)$$

$$回收率 = \frac{粗酶液（或酶液）总活力}{提取液总活力} \qquad (3-9)$$

六、注意事项

1）使用离心机离心前，对称位置离心管重量差应在 0.1g 之内。

2）为了准确检测酶活力，加样 0.1ml 建议使用移液器。

3）邻苯三酚有剧毒，对皮肤、黏膜有强烈刺激性，应避免与皮肤直接接触。配制溶液时戴口罩、乳胶手套，配制好的溶液放置在通风橱中。如果沾到皮肤，应立即冲洗。

七、思考题

（1）在 SOD 提取步骤中应注意的关键问题是什么？

（2）综合评价蛋白质或酶的提取分离流程优劣的指标有哪些？

（3）结合有机溶剂沉淀法的基本原理理解 SOD 酶提取的基本原理。

（4）磷酸盐缓冲液在 SOD 提取中的作用是什么？

实验三　超声法提取香菇多糖

一、实验目的

（1）学习从真菌中制备香菇多糖的方法。

（2）了解从真菌中制备香菇多糖的原理。

（3）掌握超声法提取香菇多糖的要点。

二、实验原理

香菇多糖是从香菇中提取的一种生物活性物质。研究表明，它具有抑制肿瘤生长、提高机体免疫力、抗病毒和抗氧化等生物学活性。目前，多糖的提取方法主要有水提醇沉法、碱液提取法等。传统方法能耗高、提取时间长、反应剧烈，可能破坏多糖的结构，降低香菇多糖药用价值。超声波在食品加工中的应用越来越广泛，在液体中它可以产生空化作用，由空化作用产生的冲击波和射流又可以破坏细胞壁和细胞膜结构，从而增加细胞内容物通过细胞膜的穿透力和传输能力。

苯酚-硫酸法测定己糖含量的原理：苯酚试剂可与香菇多糖中的己糖及其糖醛酸起显色反应，生成橙黄色化合物，于490nm处有最大吸收，可在此波长处比色定量。商品级的香菇多糖标准品价格昂贵，不易获得，因此采用葡萄糖作标准品。

三、实验设备与实验材料

（一）实验设备

电子天平，紫外-可见分光光度计，比色皿，布氏漏斗，锥形瓶，量筒，容量瓶，电热恒温鼓风干燥箱，组织粉碎机，圆底烧瓶，铁架台，超声波发生器（带加热功能），烧杯，量筒等。

（二）实验材料

干香菇，蒸馏水，氯化钙，1mg/ml 葡萄糖标准溶液，6%苯酚，浓硫酸等。

四、实验步骤

1）称取干香菇 10g，粉碎。

2）放入圆底烧瓶，加入 200ml 热水，使用 70℃超声波发生器（水预热在 60℃左右）提取 10min×3 次，每次间隔 5min，过滤，滤液留用。

3）滤渣中加入等滤液体积的热水，使用 70℃超声波发生器（水预热在 60℃左右）提取 5min×3 次，每次间隔 5min，过滤，合并滤液。

4）抽滤，量滤液体积。

5）将多糖浓缩液的 pH 调至 8～9，加热至 85℃，加入氯化钙使浓度达 5%（*m/V*），搅拌，冷却，过滤，得脱蛋白多糖液。

五、实验结果

1. 制作多糖测定标准曲线

准确吸取 1mg/ml 葡萄糖标准溶液 1.0ml、2.0ml、3.0ml、4.0ml、5.0ml 于 100ml

容量瓶并定容，得不同浓度梯度的葡萄糖标准液。各取 2ml 进行标准曲线测定。按表 3-5 分别加入其余各组分，摇匀冷却，室温放置 20min，于 490nm 处测吸光度。

表 3-5　标准曲线的测定加样表

	1	2	3	4	5	6
葡萄糖标准液/ml	0	2	2	2	2	2
葡萄糖标准液/μg	0	20	40	60	80	100
蒸馏水/ml	2	0	0	0	0	0
6%苯酚/ml	1	1	1	1	1	1
浓硫酸/ml	5	5	5	5	5	5

以葡萄糖浓度为横坐标，吸光度为纵坐标得标准曲线 $y = kx + b$（请将吸光度控制在 0.2～0.8）。

2. 香菇多糖浓度测定

取脱蛋白多糖液 2ml，加入 6%苯酚 1.0ml，浓硫酸 5.0ml，摇匀冷却，室温放置 20min 后，于 490nm 处测吸光度，通过标准曲线计算香菇多糖浓度，并进一步计算样品中香菇多糖的含量。

$$香菇多糖含量（\mu g/g）= \frac{香菇多糖浓度（\mu g/ml）\times 稀释体积倍数（ml）}{香菇质量（g）} \quad (3\text{-}10)$$

六、注意事项

1）超声波发生器（带加热功能）可由超声波清洗仪（带加热功能）代替。

2）苯酚-硫酸法的显色化合物为橙黄色，而香菇多糖的水提取液也为橙黄色，故吸光度实测值偏高从而造成误差，可先将提取液进行脱色然后再测定。

3）苯酚极易氧化，测定中应避光且操作迅速，苯酚浓度不宜太高。

4）浓硫酸溶于水后能放出大量的热，因此加入浓硫酸时，应将浓硫酸沿器壁慢慢注入水溶液中，用玻璃棒引流，并不断搅拌，使稀释产生的热量及时散出。切记不能将水溶液加入浓硫酸中，否则会产生飞溅，导致灼伤。浓硫酸具有强腐蚀性，操作时要戴防护手套，需戴化学安全防护眼镜。如果浓硫酸滴在皮肤上，应先用干抹布轻轻擦去，再进行冲洗。如果浓硫酸液滴在眼睛里，必须立即提起眼睑，用大量水冲洗，并不时转动眼球，然后及时就医。

七、思考题

（1）查阅文献并简述多糖水提醇沉法的原理。

（2）简述苯酚-硫酸法测定香菇多糖提取液浓度的原理。

（3）香菇多糖提取液浓度测定中需要注意哪些问题？

实验四　溶菌酶的提取纯化及其抑菌实验

一、实验目的

（1）掌握利用等电点差异，用离子交换层析法分离纯化蛋白质的原理。

（2）掌握溶菌酶溶解革兰氏阳性菌的原理及应用。

二、实验原理

黏肽是细菌细胞壁的主要成分。溶菌酶能切断黏肽结构中 N-乙酰葡萄糖胺和 N-乙酰胞壁酸之间的 β-1,4 糖苷键，破坏黏肽支架，使细胞壁破坏。由于细菌细胞壁具有抗低渗等重要保护功能，细菌失去细胞壁的保护后，在低渗环境中可发生溶解。由于革兰氏阴性菌细胞壁黏肽层外还有脂多糖、外膜和脂蛋白结构，因此在一般情况下溶菌酶不易发挥直接作用。所以溶菌酶的主要作用对象是革兰氏阳性菌。

鸡蛋蛋清中含有丰富的溶菌酶，蛋清中大部分蛋白质的等电点在 6.05 以下，只有溶菌酶和卵白素的等电点在 10 以上，且溶菌酶的含量是卵白素的 70 倍。在 pH 7.0 的缓冲溶液中，只有溶菌酶和卵白素带正电荷，其他蛋白质带负电荷，因此，可以通过阳离子交换层析，把溶菌酶和其他蛋白质分离开，使溶菌酶得到部分纯化。

三、实验设备与实验材料

（一）实验设备

电子天平，紫外-可见分光光度计，比色皿，布氏漏斗，锥形瓶，量筒，容量瓶，无菌打孔器（孔径 2mm），无菌毛细吸管，毫米尺，Amberlite 阳离子交换树脂，层析柱等。

（二）实验材料

磷酸盐缓冲液（PBS，0.10mol/L，pH 7.0）。

杂蛋白洗脱液：称取一定量的 NaCl，溶于 0.10mol/L 的磷酸盐缓冲液（pH 7.0）中，使 NaCl 浓度为 0.05mol/L。

溶菌酶洗脱液：称取一定量的 NaCl，溶于 0.10mol/L 的磷酸盐缓冲液（pH 7.0）中，使 NaCl 浓度为 0.5mol/L。

标准溶菌酶溶液：称取溶菌酶标准品，用蒸馏水配制为 1000μg/ml 原液，并稀释为 50μg/ml 标准液，用前保存在冰箱中。

葡萄球菌：一种革兰氏阳性菌，普通琼脂培养基生长良好。

LB 培养基（1L）：胰蛋白胨 10g，酵母提取物 5g，NaCl 10g（固体培养基需加入 15g 琼脂）。

四、实验步骤

（一）树脂的再生

Amberlite 阳离子交换树脂用 0.5mol/L NaOH 浸泡 30min，水洗至中性；再用 0.5mol/L HCl 浸泡 30min，水洗至中性。在 PBS 中平衡 12h 以上。

（二）蛋清样品的准备

市售新鲜鸡蛋 3 个，破蛋壳取出蛋清，除去黏稠状物体，加入 2 倍体积的 PBS（pH 7.0），搅拌均匀。8 层纱布过滤后，获得约 30ml 澄清液体。从中取 0.5ml 置于 1.5ml EP 管中，标记为样品 1，于–20℃冻存备用，剩余样品用于后续阳离子交换树脂的分离纯化。

（三）阳离子交换柱层析

1. 吸附

在已平衡好的 20ml 阳离子交换树脂中加入约 30ml 蛋清样品，缓慢搅拌吸附 1h。搅拌应缓慢。

2. 洗涤

静置，使树脂完全沉淀，去除上清液。树脂用 100ml PBS（pH 7.0）缓慢搅拌洗涤，每次 5min，重复 3 次，以去除未吸附的杂蛋白。

3. 装柱及洗脱杂蛋白

将树脂搅拌均匀，装入层析柱内，用含 0.05mol/L NaCl 的 PBS（pH 7.0）洗涤，以除去与阳离子交换树脂结合不紧密的杂蛋白。同时以 0.1mol/L 的磷酸盐缓冲液作为对照，用紫外-可见分光光度计于 280nm 处测流出液体的吸光度。洗涤至吸光度值接近 0 为止（洗 3～5 个柱体积）。流速控制为 2～3ml/min。

4. 洗脱溶菌酶

用含 0.5mol/L NaCl 的 PBS（pH 7.0），以 2～3ml/min 的流速洗脱溶菌酶（约洗 5 个柱体积），并利用分部收集器收集洗脱液，每管收集 2～3ml。收集完成后，以 0.5mol/L NaCl 的 PBS（pH 7.0）为对照，用紫外-可见分光光度计测每管收集液在 280nm 处的吸光度。合并光吸收高峰管，量取体积，标记为样品 2，置于–20℃冻存备用。

（四）溶菌酶的溶菌作用

1）加热融化含有 3%琼脂的 LB 培养基，冷至 60～70℃时，加入 1ml 葡萄球菌菌液，混合均匀，倾注于无菌平皿内，制成含葡萄球菌的琼脂平板。

2）用无菌打孔器在葡萄球菌琼脂平板上打孔，孔径 2mm 左右，孔距 5～20mm。用针头挑出孔内琼脂。

3）用移液器吸取 50～100μl 的样品 1 或样品 2 加入琼脂孔内，同时以加入相同体积标准溶菌酶溶液的琼脂孔作为阳性对照及参比。每种样品及标准溶菌酶溶液需要至少 3 次平行实验。

4）将培养皿置于 28℃下培养 12～18h 后，观察结果。观察各孔周围溶菌情况，测量溶菌圈直径。

五、实验结果

1）根据样品 1、样品 2 及标准溶菌酶溶液抑菌圈直径，计算样品 1、样品 2 溶菌酶浓度。

样品溶菌酶浓度计算公式如下。

$$样品溶菌酶浓度 = \frac{样品抑菌圈直径}{标准溶菌酶溶液抑菌圈直径} \times 标准溶菌酶溶液浓度 \quad (3\text{-}11)$$

2）计算样品 2 溶液的溶菌酶回收率。

溶菌酶回收率计算公式如下。

$$溶菌酶回收率 = \frac{样品2溶菌酶含量 \times 样品2总体积}{样品1溶菌酶含量 \times 层析上样总体积} \quad (3\text{-}12)$$

六、注意事项

1）装柱前，应保证所有接头密闭、管道通畅。装柱时，流速不得超过 3ml/min。整个过程的各步骤绝对不能出现"流干"现象。

2）抑菌平板打孔要均匀，以减小误差。由于抑菌圈法本身受多方面因素影响，误差相对较大，因此每个样品及标准品的抑菌活性至少采用 5 个抑菌圈直径计算出的平均值表示。

七、思考题

（1）简述阳离子交换树脂法分离溶菌酶的原理。

（2）简述溶菌酶抑菌实验的原理。

实验五 双水相体系中蛋白质分配系数的测定

一、实验目的

（1）了解双水相系统成相的原理和方法。

（2）学习双水相相图的制作。

（3）掌握双水相溶液配制与双水相萃取的操作。

（4）掌握分配系数和萃取收率的计算方法。

二、实验原理

双水相系统中使用的双水相由两种互不相溶高聚物组成，如聚乙二醇（PEG）与葡聚糖（dextran），或者互不相溶的高聚物溶液和盐溶液，如 PEG 与 $(NH_4)_2SO_4$。双水相系统的制备，一般是将两种溶质分别配制成一定浓度的水溶液，然后将两种溶液按照不同的比例混合，静置一段时间，当两种溶质的浓度超过某一浓度范围时，就会产生两相。双水相形成的条件和定量关系可用相图表示。相图是一条双节线，当成相组分的配比位于曲线下方时，系统为均匀的单相，混合后，溶液澄清透明，称为均相区；在曲线的上方时，能自动分为两相，称为两相区；若配比位于曲线上，则混合后，溶液恰好从澄清变为浑浊。相图是研究双水相萃取的基础。

双水相萃取与水-有机相萃取的原理相似，都是依据物质在两相间的选择性分配进行萃取操作，但萃取体系的性质不同。当物质进入双水相体系后，由于表面性质、电荷作用，各种力（如疏水键、氢键和离子键等）的存在和环境的影响，其在上、下两相中的浓度不同。对于某一物质，只要选择合适的双水相体系，控制一定的条件，就可以得到合适的分配系数，从而达到分离纯化的目的。

双水相萃取受许多因素的影响，如高分子聚合物种类、分子质量及组成、无机盐种类及组成、pH 等。本实验选用 PEG-硫酸铵双水相系统萃取酪蛋白。

三、实验设备与实验材料

（一）实验设备

天平，恒温水浴锅，刻度试管，吸管，分光光度计，试管，移液管，滴定管等。

（二）实验材料

市售牛奶，10mg/ml 酪蛋白标准溶液（用 0.1mol/L NaOH 配制），0.1mol/L NaOH 溶液，50% PEG6000，40%硫酸铵溶液，固体硫酸铵，双缩脲试剂等。

四、实验步骤

1. 制作 PEG6000-硫酸铵双水相体系相图

1）取 50% PEG6000 溶液（m/V）10ml 于锥形瓶中，将 40%硫酸铵溶液（m/V）装入滴定管中，滴定至锥形瓶中，使溶液恰好浑浊，记录消耗硫酸铵溶液的体积。

2）加入 1ml 水使溶液澄清，继续用硫酸铵滴定至恰好浑浊，重复 7 次，记录每次硫酸铵消耗的体积，计算每次出现浑浊时体系中 PEG 和硫酸铵的浓度（m/V），并填入表 3-6 中。

3）以硫酸铵的浓度（m/V）为横坐标，PEG 浓度（m/V）为纵坐标，绘制出 PEG6000-硫酸铵双水相体系相图。

表 3-6　PEG6000-硫酸铵双水相体系相图制作表

编号	H$_2$O 累计添加量/ml	40%硫酸铵溶液/ml	锥形瓶中			
			纯硫酸铵累积量/g	溶液总体积/ml	PEG6000 浓度（m/V）	硫酸铵浓度（m/V）
1						
2						
3						
4						
5						
6						
7						
8						

2. 酪蛋白在 PEG6000-硫酸铵双水相体系中分配系数和萃取率的测定

1）在刻度试管中加入 0.5ml 牛奶，再加入 50%的 PEG6000 溶液 10ml，加入固体硫酸铵，使硫酸铵的终浓度为 15%（忽略牛奶体积）。振荡均匀，静置待其分层，分别量取，并记录上、下相的体积 $V_上$ 与 $V_下$。

2）分别取上、下相溶液各 1ml 于 2 支试管，利用双缩脲方法分别测定上、下相的酪蛋白浓度 $C_上$ 与 $C_下$，并计算表观分配系数（K）、相比（R）及萃取收率（γ）。

五、实验结果与讨论

根据实验所得数据，计算系统的相比、蛋白质在双水相系统中的分配系数及萃取收率。计算公式如下。

$$\text{表观分配系数}（K）= \frac{C_{上}}{C_{下}} \tag{3-13}$$

$$\text{相比}（R）= \frac{V_{上}}{V_{下}} \tag{3-14}$$

$$\text{收率}（\gamma）= \frac{\text{下相蛋白质含量}}{\text{上、下相蛋白质总含量}} = \frac{V_{上} \times C_{上}}{V_{上} \times C_{上} + V_{下} \times C_{下}} = \frac{R \times K}{1 + R \times K} \tag{3-15}$$

式中，$C_{上}$、$C_{下}$分别为上、下相蛋白质浓度；$V_{上}$、$V_{下}$分别为上、下相的体积。

六、注意事项

1）实验中使用 PEG2000～PEG6000 均可以得到较好的实验结果，可根据实际情况调整。

2）在制作双水相相图的过程中，硫酸铵溶液滴定时，同时需要不断振荡锥形瓶，摇匀瓶中溶液，避免由于混合不均匀造成"浑浊"假象。

3）双水相相图测定过程中，对溶液由澄清变浑浊现象的观察要细致，溶液微浑即可。

七、思考题

（1）简述制作双水相相图的原理。

（2）试讨论 PEG 分子质量及硫酸铵浓度对双水相萃取酪蛋白效果的影响。

（3）实验操作中应注意哪些问题？分析实验误差来源。

实验六　疏水型大孔树脂 D101 吸附亚甲蓝的吸附动力学测定

一、实验目的

（1）了解大孔树脂的微观结构。

（2）掌握分光光度法测定大孔树脂对亚甲蓝吸附量的方法。

（3）了解大孔树脂吸附有机染料的吸附动力学。

二、实验原理

大孔树脂是一类具有交联结构的聚合物，根据骨架性质的不同而具有不同的名称与用途。本实验采用苯乙烯-二乙烯基苯树脂（简称 D101 树脂）。因其具有交联结构，D101 树脂骨架内有大小不等的孔。图 3-1 为大孔树脂的微观结构，其孔的大小和分布可以通过调节交联剂的比例和加入不同的致孔剂得到。

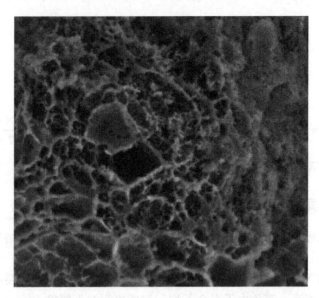

图 3-1　大孔树脂在扫描电镜下的微观结构

D101 树脂的多孔结构及骨架具有疏水性，可以用来吸附水中的有机分子。故本实验利用 D101 树脂吸附水溶液中的染料亚甲蓝。由于染料分子一般具有很强的消光系数，可以通过分光光度法测定水溶液中染料分子的浓度，判断 D101 树脂对亚甲蓝的吸附量，绘制吸附动力学曲线。

三、实验设备与材料

（一）实验设备

电子天平，超声波清洗仪，紫外-可见分光光度计，比色皿，布氏抽滤装置，磁力搅拌器，锥形瓶，量筒，容量瓶等。

（二）实验材料

亚甲蓝溶液（母液浓度 20mg/L），湿态 D101 树脂等。

四、实验步骤

1）稀释亚甲蓝母液成一系列不同浓度的亚甲蓝水溶液 1mg/L、2mg/L、3mg/L、4mg/L、5mg/L、6mg/L、7mg/L、8mg/L、9mg/L、10mg/L，测定样品在 670nm 处的吸光度，绘制标准曲线。

2）稀释亚甲蓝母液为吸附用亚甲蓝溶液（10mg/L，50ml）。

3）抽滤，将树脂与浸泡液分离，得湿态树脂。

4）将亚甲基蓝溶液置于磁力搅拌器上，在磁力搅拌子的搅拌下，将 0.5～1g 的湿态树脂投入待吸附的溶液中。

5）分别于搅拌吸附 1min、2min、3min、5min、7min、10min、15min、20min、30min、40min、50min、60min、70min、80min、100min、120min、140min 时，停止搅拌，稍静置后，吸取吸附液上清，用紫外-可见分光光度计测定 670nm 处的吸光度，利用标准曲线，计算吸附液上清中亚甲蓝浓度与吸附量。

五、实验结果

1）绘制亚甲蓝的吸光度-浓度（A-c）工作曲线（标准曲线）。

2）根据吸附实验中不同时间吸附液上清的吸光度，计算吸附液上清中亚甲蓝的浓度与相应时间的亚甲蓝吸附量。

3）绘制吸附动力学曲线 [吸附量（mg 亚甲蓝/kg 树脂）-时间（min）]，并讨论平衡时间与平衡吸附量。

六、注意事项

1）预处理过的 D101 树脂，用前先用乙醇浸泡 1～2h，然后用水洗到中性，真空抽滤，抽干。

2）亚甲蓝浓度不宜过大，亚甲蓝浓度过大超出紫外-可见分光光度计的线性范围，会引起较大的测量误差。

七、思考题

（1）用树脂吸附溶质质量相同但浓度不同的染料溶液（如 50ml 的 2mg/L 溶液和 20ml 的 5mg/L 溶液），吸附量是否会有差别，为什么？

（2）本实验中，有哪些因素会影响亚甲蓝的吸附量，分别会产生怎样的影响？

实验七　非极性大孔吸附树脂 DM11 分离纯化青霉素 G 钾盐

一、实验目的

（1）理解大孔吸附树脂分离青霉素 G 钾盐的原理。

（2）掌握碘量法测定青霉素 G 钾盐的原理。

（3）掌握柱层析的一般实验操作方法。

二、实验原理

青霉素 G 属于 β-内酰胺类抗生素，可以抑制细菌细胞壁四肽侧链和五肽交联桥的结合而阻碍细胞壁合成。青霉素对溶血性链球菌、肺炎链球菌等链球菌属和不产青霉素酶的葡萄球菌等革兰氏阳性菌具有良好抗菌作用。

大孔树脂是一类具有交联结构的聚合物，根据骨架性质的不同而具有不同的名称与用途。本实验利用非极性大孔吸附树脂 DM11 对青霉素 G 进行分离纯化。

剩余碘量法测定青霉素 G 含量原理：青霉素 G 经碱水解的产物青霉噻唑酸，可与碘作用（1mol 青霉噻唑酸可与 8mol 碘原子反应，即青霉素：$I_2 = 1 : 4$），根据消耗的碘量可计算青霉素的含量。加过量的碘液（0.1mol/L，5ml），与青霉噻唑酸反应后，剩余的碘用 $Na_2S_2O_3$ 滴定（$Na_2S_2O_3 : I_2 = 2 : 1$），从而计算青霉素含量。

三、实验设备与实验材料

（一）实验设备

电子天平、pH 计、恒流泵、玻璃层析柱（20cm×1cm）、碘量瓶、分部收集器、酸式滴定管、布氏漏斗、磁力搅拌器、锥形瓶、量筒、试管、容量瓶等。

（二）实验材料

非极性大孔吸附树脂 DM11，青霉素 G 钾盐溶液（90mg/ml），95%乙醇，5% HCl，5% NaOH，氯化钾（1mol/L），NaOH（1mol/L），HCl（1mol/L），H_2SO_4（1mol/L）等。

$Na_2S_2O_3$（0.1mol/L）：取 $Na_2S_2O_3$ 约 2.6g 与无水 Na_2CO_3 0.02g，加新煮沸过的冷蒸馏水适量溶解，定容到 100ml。

碘溶液（0.1mol/L）：取碘 1.3g，加 KI 3.6g 与水 5ml 使之溶解，再加 HCl 1～2 滴，定容到 100ml。

乙酸-乙酸钠（pH 4.5）缓冲液：取 83g 无水乙酸钠溶于水，加入 60ml 冰醋酸，定容 1L。

淀粉指示剂：称取可溶性淀粉 0.5g，加入盛有 100ml 水的烧杯中，一边用玻璃棒搅拌一边在电炉上加热，直到可溶性淀粉完全溶解。

四、实验步骤

（一）树脂的装柱与预处理

用 95%乙醇浸泡树脂 24h 后用去离子水洗至中性。然后用 5% HCl 溶液浸泡 2h，用去离子水洗至中性；再以 5% NaOH 溶液浸泡 2h，水洗至中性后备用。

（二）静态吸附等温线的测定

准确称取湿树脂 8g 置于锥形瓶中，加入 25ml 90mg/ml 的青霉素 G 钾盐溶液，放置于磁力搅拌器上，在磁力搅拌子的搅拌下，于吸附时间为 10～150min（以 10min 为梯度）时，分别取 1ml 上清以剩余碘量法测定青霉素 G 含量，然后绘制静态吸附等温线。

（三）动态吸附等温线的测定

1. 树脂装入层析柱

将上述完成吸附的树脂用布氏漏斗抽干。装柱前先将玻璃柱的下端出口关闭，加入 3ml 去离子水在柱底，以起到缓冲的作用，防止树脂冲洗下来时，因作用力太大而变形。将树脂和少量的蒸馏水混合均匀后，用玻璃棒引流，缓缓倒入柱中，树脂的装入量以至柱顶端 5～10cm 为宜。等待树脂沉降完毕后，打开树脂柱下端出口阀门，将多余的水缓缓放出，在树脂床上层保留 3～5mm 液面高度，柱子上端口接入恒流泵，开始洗脱。

2. 动态洗脱实验

用氯化钾（1mol/L）以 3ml/min 的流速洗脱，用分部收集器，每 2ml 收集到 1 支试管，分别测定洗脱液中青霉素 G 钾盐的浓度，以洗脱液的体积为横坐标，以收集的洗脱液中的青霉素 G 钾盐浓度为纵坐标绘制动态吸附等温线。计算解吸的青霉素 G 钾盐的含量及解吸率。

3. 剩余碘量法测定青霉素 G 钾盐浓度

（1）测定吸附上清或洗脱液中青霉素 G 钾盐溶液消耗的碘

取 5ml（$V_{测}$）吸附上清或洗脱液于棕色瓶中，加 1ml NaOH（1mol/L）后放置 20min，再加 1ml HCl（1mol/L）与 5ml 乙酸-乙酸钠缓冲液，精密加入碘滴定液（0.1mol/L，C_I）5ml，摇匀，密塞，在 20～25℃暗处放置 20min，用 $Na_2S_2O_3$ 滴定液（0.1mol/L，C_T）滴定，临近终点时加淀粉指示剂 3ml，继续滴定至蓝色消失，记录 $Na_2S_2O_3$ 消耗的体积（$V_{样}$）。

（2）测定空白消耗的碘

另取 5ml 蒸馏水于棕色瓶中，加 1ml NaOH（1mol/L）后放置 20min，再加 1ml HCl（1mol/L）与 5ml 乙酸-乙酸钠缓冲液，再精密加入碘滴定液（0.1mol/L）5ml，摇匀，密塞，在 20～25℃暗处放置 20min，用 $Na_2S_2O_3$ 滴定液（0.1mol/L）滴定，临近终点时加淀粉指示剂 3ml，继续滴定至蓝色消失，记录 $Na_2S_2O_3$ 消耗的体积（V_0）。

五、实验结果

（一）剩余碘量法计算青霉素 G 钾盐浓度

$$C_{测} = (V_0 - V_{样}) \cdot C_T M / 8V_{测} \tag{3-16}$$

式中，$C_测$ 为青霉素 G 钾盐的浓度；C_T 为 $Na_2S_2O_3$ 滴定液的浓度；V_0 为空白对照消耗 $Na_2S_2O_3$ 滴定液的体积；$V_样$ 为样品测定消耗 $Na_2S_2O_3$ 滴定液的体积；$V_测$ 为测定样品时，所加样品的体积；M 为青霉素 G 钾盐的分子质量。

（二）静态吸附等温线的绘制与吸附率、吸附量的测定

1. 绘制静态吸附等温线

以时间（t）为横坐标，C/C_0 为纵坐标绘制静态吸附等温线（C 为不同时间取样青霉素 G 钾盐溶液的浓度，C_0 为青霉素 G 钾盐溶液初始浓度）。

2. 吸附率

$$E（\%）=（C_0-C）/C_0×100 \tag{3-17}$$

式中，C_0 为吸附前溶液的浓度（mg/ml）；C 为吸附后溶液的浓度；E 为吸附率。

3. 吸附量

$$Q=（C_0-C）×V/W \tag{3-18}$$

式中，Q 为吸附量（mg/g）；W 为树脂重量；V 为溶液体积。

（三）动态洗脱实验

1. 绘制动态吸附等温线

以洗脱液的体积为横坐标，以其浓度为纵坐标绘制动态吸附等温线。

2. 解吸率

$$D=\frac{\sum C_i×V_i}{Q}×100\% \tag{3-19}$$

式中，C_i 为第 i 个收集试管中洗脱液青霉素 G 钾盐溶液的浓度；V_i 为第 i 个收集试管中洗脱液的体积。

六、注意事项

1）浓硫酸使用注意事项，详见本章第二节实验三，注意事项 4）。

2）将树脂装入层析柱时，一定要保证树脂床层均匀，避免出现沟流现象。

七、思考题

（1）简述剩余碘量法测定青霉素 G 钾盐的原理。

（2）简述大孔吸附树脂装柱前预处理操作流程。

（3）大孔吸附树脂装层析柱时，有哪些注意事项？

第四章　药剂学实验

第一节　药剂学实验理论基础

一、药物制剂的基本理论

药物制剂的基本理论包括：药物的溶解度与溶液形成理论，微粒分散系理论及其在非均相液体制剂中的应用，表面活性剂的性质，药物的稳定性理论；物料的粉体性质对固体制剂的制备与质量的影响，流变性质对乳剂、软膏剂、混悬剂质量的影响，药物制剂的设计原则等。

二、普通剂型的制备

（一）液体制剂

1. 低分子溶液剂

低分子溶液剂有溶液剂、芳香水剂、糖浆剂、酊剂、甘油剂等。溶液剂的制备方法有以下两种。

1）溶解法：药物的称量→溶解→过滤→质量检查→包装等。

2）稀释法：先将药物制成高浓度溶液，再用溶剂稀释至所需浓度。

2. 高分子溶液剂

以水为溶剂的高分子溶液剂称为亲水性高分子溶液剂，或称胶浆剂；以非水溶剂制备的高分子溶液剂称为非水性高分子溶液剂。

3. 溶胶剂

又称疏水胶体溶液，溶胶剂的制备分为分散法和凝聚法两种。

4. 混悬剂

混悬剂是指难溶性固体药物以微粒状态分散于分散介质中形成的非均匀液体制剂。混悬剂的制备分法分为机械分散法和凝聚法两种。

5. 乳剂

乳剂的制备方法与工艺路线如图 4-1 所示，从上到下依次为干胶法制备乳剂、湿胶法制备乳剂、新生皂法制备乳剂、机械法制备乳剂。

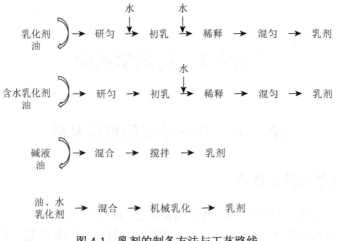

图 4-1　乳剂的制备方法与工艺路线

（二）灭菌制剂与无菌制剂

1. 注射剂的制备

注射剂的制备包括空安瓿瓶的处理、其他用具的洗涤、药液的配制、灌封、灭菌与检漏、质量检查。图 4-2 以溶液型注射剂为例，说明注射剂的制备工艺流程。

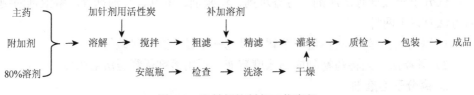

图 4-2　注射剂的制备工艺流程

2. 滴眼剂的制备

滴眼剂的制备流程如图 4-3 所示。

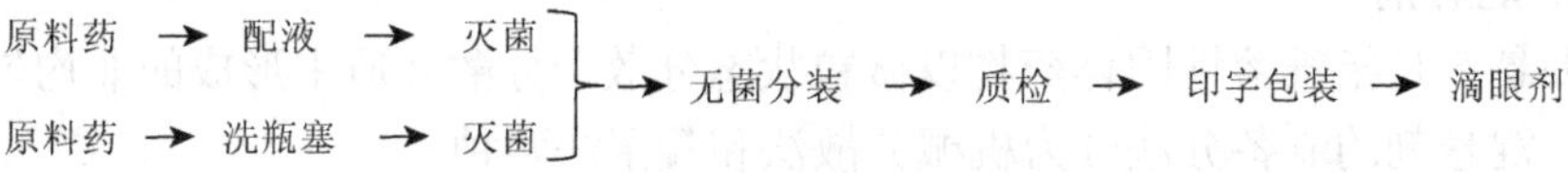

原料药　→　配液　→　灭菌　⎫
　　　　　　　　　　　　　　⎬→　无菌分装　→　质检　→　印字包装　→　滴眼剂
原料药　→　洗瓶塞　→　灭菌　⎭

图 4-3　滴眼剂的制备流程

3. 输液的制备

输液的制备工艺流程，以塑料瓶装输液为例，如图 4-4 所示。

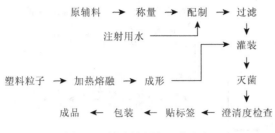

图 4-4　输液的制备工艺流程

4. 注射用无菌粉末

冻干无菌粉末制备工艺流程：无菌配液→过滤→分装→装入冻干箱→预冻→减压→加温→再干燥。

（三）固体制剂

1. 散剂与颗粒剂的制备

散剂的制备方法：包括粉碎、过筛、混合、分剂量、质量检查、包装等，如图 4-5 所示。颗粒剂的制备方法：将处方中药物与辅料混合，用黏合剂或润湿剂制成软材，制粒，干燥后分装，如图 4-6 所示。

图 4-5　散剂的制备工艺流程图

图 4-6　颗粒剂的制备工艺流程图

2. 片剂的制备

片剂的制备有 4 种方法：①湿法制粒压片法；②干法制粒压片法；③直接压片法；④半干式颗粒压片法。具体方法见图 4-7。

3. 滴丸剂的制备

滴丸剂是将固体或液体药物溶解混悬或乳化在基质中，然后滴入与药物基质不相混溶的液体中冷却，经收缩冷凝成球形或扁球形的丸剂。

4. 膜剂的制备

膜剂的制备方法主要有：①匀浆制膜法；②热塑制膜法；③复合制膜法。

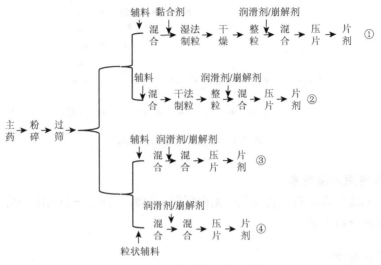

图 4-7　片剂的制备工艺流程图

（四）半固体制剂

1. 软膏剂的制备

软膏剂的制备方法根据基质类型、软膏种类及制备量有熔合法、研合法和乳化法。

2. 眼膏剂的制备

眼膏剂的制备与一般软膏剂基本相同。

3. 凝胶剂的制备

关于水性凝胶剂的制备，通过制备凝胶基质，再将药物加入基质中。水溶性药物可以先溶于水或甘油中，水不溶性药物粉末与水或者甘油研磨后，再与基质搅拌混合均匀。

4. 栓剂的制备

栓剂的制备具体有冷压法和热熔法。

（五）中药制剂

中药制剂是将饮片加工成具有一定规格，可直接用于临床的药品。中药制剂生产工艺流程如图 4-8 所示。

三、制剂新技术与制剂新剂型

（一）制剂新技术

1. 固体分散技术

固体分散技术可使难溶性药物以不同状态分散在载体中，显著提高药物的溶

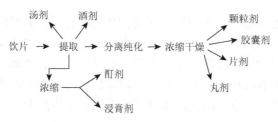

图 4-8 中药制剂生产工艺流程图

解速率和溶出速率，进而提高药物的吸收和生物利用度。常见的固体分散体的类型有固体溶液、简单低共溶混合物、共沉淀物等。常用固体分散技术有溶剂法、熔融法、溶剂-熔融法、研磨法、液相中溶剂扩散法、双螺旋挤压法等。

2. 包合技术

包合技术的优点在于药物溶解度高、稳定性高，可调控释放速率，提高药物的生物利用度，降低药物的刺激性与毒副作用等，通过促使液体药物粉末化，并进一步制成固体制剂，有效阻碍其挥发性成分释放，避免药物产生不良气味。

3. 微乳制备技术

微乳制备技术具有许多特点：①粒径小、透明，可采用过滤灭菌；②热力学稳定，易于制备和保存；③在同一体系中可以作不同疏水性药物的媒介物，进一步可制成复方制剂；④低黏度，注射时不易引起疼痛；⑤吸收迅速、靶向释药、提高药物的生物利用度、降低毒副作用。通常来说，水包油（O/W）型微乳可以增加亲脂性药物的溶解度，油包水（W/O）型则可延长水溶性药物的释放时间，起到缓释作用。

4. 微型包囊技术

微型包囊技术是利用天然的或合成的高分子材料作为囊壳，将固态药物或液态药物包裹而形成的药库型微囊；或使药物溶解或分散在高分子材料中形成的骨架型微球。药物经微囊化后不仅可达到缓释目的，还能使药物浓集于靶区，提高药效；掩盖药物的不良气味和口味，提高药物的稳定性；防止药物在胃内失活，减小胃刺激；方便药物固态化，便于应用和储存。

5. 脂质体制备技术

脂质体制备技术将药物包封于磷脂双分子层内外，水溶性药物载入水相，脂溶性药物溶于脂膜，两性药物可以插于脂膜上，对所载药物有广泛的适应性。脂质体作为药物载体有其独特的优势，如保护药物免受降解、达到靶向部位、减少毒副作用、提高生物利用度、不引起免疫反应等。

（二）制剂新剂型

1. 缓释、控释制剂

缓释制剂是指用药后能在长时间内持续放药以达到长效作用的制剂，其药物释放主要是一级速率过程。而控释制剂是指药物能在预定的时间内自动以预定的速度释放，使血药浓度长时间恒定维持在有效浓度范围之内的制剂，其药物释放主要是在预定的时间内以零级或接近零级速率释放。可有效改善普通制剂吸收特性造成血药浓度的谷峰现象，当其在血药浓度较大或生理条件有变化时，避免血药浓度超过药物的中毒量，防止产生严重的毒副反应等危害。

2. 靶向制剂

靶向制剂也称靶向给药系统，是通过载体使药物选择性地富集在病变部位的给药系统，病变部位常被形象地称为靶部位，它可以是靶组织、靶器官，也可以是靶细胞或细胞内的某靶点。靶向制剂不仅要求药物到达病变部位，还要求具有一定浓度的药物在这些靶部位停滞一段时间，便于发挥药效。成功的靶向制剂应具备定位、控释、无毒、可生物降解 4 个要素。靶向制剂可以提高药效、降低毒性，可以提高药品的安全性、有效性、可靠性和患者用药的顺应性。

3. 前体药物制剂

前体药物制剂是将一种具有药理活性的母体药物，导入另一种载体基团或与另一种作用相似的母体药物相结合，进而形成一种新的化合物，此类化合物在体内经过生物转化，释放出母体药物以获得疗效，此类化合物大多以复盐如络盐、酯类等形式存在。

第二节　常见实验方法及基本原理

实验一　溶液型液体制剂的制备

一、实验目的

（1）掌握溶液型液体制剂的基本制备方法。

（2）了解液体制剂中常用附加剂的正确使用方法、作用机制及常用量。

二、实验原理

液体制剂是指药物分散在适宜的分散介质中制成的可供内服或外用的液体形态制剂。溶液型液体制剂可以口服，也可以外用。常用的溶剂有水、乙醇、甘油、丙二醇、液体石蜡、植物油等。常用的溶液型液体制剂有溶液剂、糖浆剂、芳香水剂、甘油剂等。

在制备溶液型液体制剂时，常需采用一些方法，如成盐、增溶、助溶、潜溶等，以增加药物在溶媒中的溶解度。另外，根据需要还可加入抗氧剂、甜味剂、着色剂等附加剂。在制备流程中，一般先加入复合溶媒、助溶剂和稳定剂等附加剂。同时为了加速溶解进程，可将药物粉碎，通常取溶媒处方量的 1/2～3/4 搅拌溶解，必要时可加热，但受热不稳定的药物不宜加热。

溶液剂一般有 3 种制法，即溶解法、稀释法和化学反应法。其中溶解法最为常用，一般的制备过程如图 4-9 所示。

图 4-9 溶解法制备溶液型液体制剂的工艺流程图

三、实验设备与实验材料

（一）实验设备

电子天平，电炉，灭菌锅，烧杯，量筒，玻璃棒，容量瓶等。

（二）实验材料

葡萄糖酸钙，乳酸，乳酸钙，糖精钠，香精，碘，碘化钾，双氧水（过氧化氢），甲酚，植物油（菜油），氢氧化钠，95%乙醇，双蒸水等。

四、实验内容

（一）葡萄糖酸钙口服液

1. 处方

葡萄糖酸钙	5g
乳酸钙	5g
乳酸	适量
糖精钠	适量
香精	适量
双蒸水	加至 100ml
pH	4.0～6.0

2. 制法

1）取乳酸钙，加入双蒸水 10ml，加热煮沸使其完全溶解，制成透明液体备用。

2）取处方量 80%的双蒸水，加热煮沸，加入葡萄糖酸钙，煮沸回流 2h。

3）加入已制备好的乳酸钙溶液，以及乳酸和糖精钠继续煮沸 0.5h，室温下密封静置 20～25h，加入香精，添加双蒸水至全量，摇匀后用 0.8μm 微孔滤膜过滤，立即灌封，100℃灭菌，包装，即得。

3. 注意事项

1）双蒸水需煮沸，原因如下：①加热可促进葡萄糖酸钙的溶解；②二氧化碳会与葡萄糖酸钙反应生成碳酸钙沉淀，进而影响溶液的澄清度。因此，配制时需要将双蒸水煮沸，以驱出二氧化碳，避免碳酸钙沉淀的产生，进而使葡萄糖酸钙较好地分散于体系中。

2）葡萄糖酸钙溶液为过饱和溶液，贮藏期间容易析出沉淀，尤其当溶液中存在极细颗粒时会形成晶核，因此可选用乳酸钙作为助溶剂，增加溶解度。

（二）复方碘溶液

1. 处方

碘	5g
碘化钾	10g
双蒸水	加至 100ml

2. 制法

1）取碘及碘化钾，加双蒸水 10ml 溶解。

2）添加适量的双蒸水，使全量成 100ml，搅匀，即得。

3. 注意事项

1）碘具有腐蚀性，称量时可用玻璃器皿或蜡纸，不宜用普通的称量纸，更不得接触皮肤。

2）碘溶液具有氧化性，应贮存于密闭棕色玻璃塞瓶内，不得直接与橡胶塞接触。

3）碘若不慎黏附在皮肤上，可以用硫代硫酸钠溶液或碳酸钠溶液洗去。

4）在制备时，为使碘能迅速溶解，宜先将碘化钾加适量双蒸水（1g：1ml）配成近饱和溶液，然后加碘溶解。由于碘化钾可与碘生成易溶性配合物，不但可以增加碘的溶解度，而且可减少刺激性。

（三）过氧化氢溶液

1. 处方

浓过氧化氢溶液 25%（g/g）	10ml
双蒸水	加至 100ml

2. 制法

取浓过氧化氢溶液，加双蒸水至 100ml，搅匀，即得。

3. 注意事项

1）高浓度过氧化氢有强烈的腐蚀性，使用时应避免接触皮肤。

2）一般情况下，光照会加快过氧化氢分解成水和氧气的速率，因此需避光保存。

（四）甲酚皂溶液

1. 处方

甲酚	2.5ml
菜油	0.865g
氢氧化钠	0.27g
95%乙醇	1ml
双蒸水	加至 100ml

2. 制法

1）取氢氧化钠，加双蒸水 5ml 溶解后，放冷至室温。

2）不断搅拌下，将上述氢氧化钠溶液加入菜油中，皂化，放置一定时间（约 20min）后，置水浴上慢慢加热，加入 95%乙醇。

3）当皂体颜色加深呈透明状，继续进行搅拌，并检查是否完全皂化。若皂化完全，反应后静置，反应液不分层。否则，皂化不完全。皂化完全后，趁热加甲酚搅拌，混合搅匀，静置冷却，最后补加适量双蒸水至全量，摇匀即得。

3. 注意事项

1）甲酚有类似苯酚的臭气，并微带焦臭，有毒，使用时应注意避免吸入。

2）甲酚皂溶液对皮肤有一定刺激和腐蚀作用，使用时应避免接触皮肤。

五、结果与讨论

1）将不同溶液型液体制剂的性状记录于表 4-1 中。

表 4-1　不同溶液型液体制剂的性状

制剂	澄清度	颜色	气味	是否符合性状要求
葡萄糖酸钙口服液				
复方碘溶液				
过氧化氢溶液				
甲酚皂溶液				

2）甲酚皂溶液中，甲酚、肥皂、水三组分形成的溶液体系，具有胶体溶液的特性。胶体微粒具有布朗运动，因此胶体溶液与粗分散体系不同，属动力学稳定体系，其沉降速度小，故胶体溶液可保持相当长时间而不致发生沉淀。但胶体体系中除具有较强的布朗运动外，分散度高，胶粒的比表面与表面能大，又具有胶粒合并降低表面能的自发趋势，故胶体溶液有聚结现象。

六、思考题

（1）为什么最后的溶液在加入甲酚后，经搅拌后澄清，加水后浑浊，再加水澄清？

（2）试写出甲酚皂溶液制备过程中所涉及的皂化反应式，有哪些植物油可取代菜油？它们对成品的杀菌效力有无影响？

实验二 乳剂的制备

一、实验目的

（1）掌握乳剂的一般制备方法。

（2）熟悉乳剂的类型及其鉴别方法。

二、实验原理

乳剂是指互不相溶的两种液体混合，其中一相液体以液滴状分散于另一相液体中形成的非均匀相液体分散体系，也称乳浊液。乳剂可供口服、外用及注射给药。

乳剂是一种动力学及热力学不稳定的分散体系，由水相（W）、油相（O）和乳化剂组成。乳剂的类型分为水包油（O/W）型和油包水（W/O）型。此外，还有复合乳剂（W/O/W 型，O/W/O 型）。乳剂的类型主要取决于乳化剂的种类、性质及两相的体积比。

在药剂学中，常用乳化剂的 HLB 值（亲水亲油平衡值）为 3～16，其中 HLB 值为 3～8 的乳化剂为 W/O 型乳化剂，HLB 值为 8～16 的乳化剂为 O/W 型乳化剂。HLB 值越大，乳化剂亲水性越强，形成的乳剂为 O/W 型；反之，形成的乳剂为 W/O 型。乳化剂的稳定机理是通过在分散液滴表面形成单分子膜、多分子膜、固体粉末膜等界面膜，降低了界面张力，防止液滴相遇时发生合并。常用的乳化剂有表面活性剂、阿拉伯胶、西黄蓍胶等。

乳剂的制备方法主要有：①干胶法；②湿胶法；③新生皂法；④机械法（乳匀法、胶体磨）。各种乳剂制备方法的工艺流程如图 4-10～图 4-13 所示。通常小

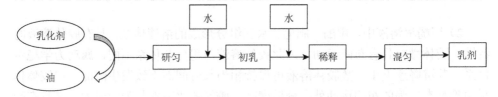

图 4-10　干胶法制备乳剂的工艺流程图

量制备时，可在乳钵中研磨制得或在瓶中振摇制得，工厂大量生产多采用乳匀机、高速搅拌器、胶体磨制备。

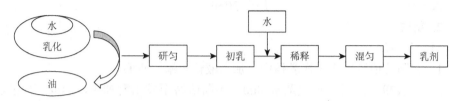

图 4-11 湿胶法制备乳剂的工艺流程图

图 4-12 新生皂法制备乳剂的工艺流程图

图 4-13 机械法制备乳剂的工艺流程图

三、实验设备与实验材料

（一）实验设备

显微镜，电子天平，量筒，容量瓶，烧杯，玻璃棒，乳钵，高压均质机等。

（二）实验材料

液体石蜡，阿拉伯胶，5%尼泊金乙酯醇溶液，糖精钠，香精，菜油，饱和石灰水，豆油，豆磷脂，甘油，苏丹红，亚甲蓝，双蒸水等。

四、实验内容

（一）液体石蜡乳的制备

1. 处方

液体石蜡	12ml
阿拉伯胶	4g
5%尼泊金乙酯醇溶液	0.1ml

1%糖精钠溶液	0.003g
香精	适量
双蒸水	加至 30ml

2. 制法

（1）干胶法

1）将阿拉伯胶置于干燥乳钵中，加入液体石蜡，研磨。

2）待胶粉分散后，加双蒸水 8ml，不断研磨至发出噼啪声，形成稠厚的乳状液。

3）加入 5%尼泊金乙酯醇溶液，加入剩余的双蒸水研磨均匀，再加入 1%糖精钠溶液和香精，共制成 30ml，即得。

（2）湿胶法

1）取双蒸水 8ml 置烧杯中，加阿拉伯胶粉配成胶浆。

2）将胶浆移入乳钵中，分次加入液体石蜡，并边加边研磨至初乳形成。

3）再加剩余双蒸水及 5%尼泊金乙酯醇溶液、1%糖精钠溶液和香精，研磨均匀，共制成 30ml，即得。

3. 注意事项

1）制备初乳时，干胶法应选用干燥乳钵，量油的量器不得沾水，量水的量器也不得沾油。

2）干胶法制备初乳时，油相与胶粉（乳化剂）充分研磨均匀后，按液体石蜡：胶：水=3：1：2 比例一次加水，迅速沿同一方向研磨，直至稠厚的乳白色初乳形成为止，期间不能改变研磨方向，也不宜间断研磨。

3）初乳中加入剩余的双蒸水时，应注意加水的速度和加水量，添加的水量过少或加水过慢，易形成 W/O 型初乳，此时后续再研磨稀释也难以转变为 O/W 型，且形成后极易破裂。

（二）石灰搽剂的制备

1. 处方

| 菜油 | 5ml |
| 石灰水 | 5ml |

2. 制法

1）取适量 $Ca(OH)_2$ 加入双蒸水中制备 $Ca(OH)_2$ 过饱和溶液，静置，取上清液，即为石灰水。

2）取菜油和石灰水，置于小烧杯中，用力搅拌混匀，即得。

3. 注意事项

1）实验中可利用花生油、麻油、豆油代替菜油。

2）制备 Ca(OH)$_2$ 过饱和溶液时，可采用加热方式促进 Ca(OH)$_2$ 的溶解。

（三）豆磷脂乳剂的制备

1. 处方

豆油	11ml
豆磷脂	1.1g
甘油	1.8ml
双蒸水	加至 100ml

2. 制法

1）豆磷脂溶液的制备：称取豆磷脂 1.1g，加甘油 1.8ml 研磨均匀，再加入少量双蒸水研磨，并稀释至 25ml。

2）取豆油、上述豆磷脂溶液和双蒸水共置于组织捣碎机中，以 8000～12 000r/min 的速度匀化 2min（匀化 1min，停机 1min，再匀化 1min）。

3）将制得的乳剂置于高压均质机中，在 800～1000kg 压力下均质一次，收集乳剂即得。

3. 注意事项

1）研磨时，一定要均匀，以防乳化不完全。

2）利用机械法制备乳剂时可不用考虑混合顺序。

（四）乳剂类型的鉴别

1. 稀释法

取 4 支试管，分别加入上述乳剂各 1ml，在分别加入双蒸水，用力振摇后，观察溶液是否均匀分布。

2. 染色法

将上述乳剂涂在载玻片上，分别滴加少量油溶性染料苏丹红、水溶性染料亚甲蓝染色，显微镜下观察是外相还是内相染色。

五、结果与讨论

1）将稀释法结果填入表 4-2 中。

表 4-2 稀释法结果

乳剂	结果	结论
液体石蜡乳		
石灰搽剂		
豆磷脂乳剂		

2）将染色法结果填入表 4-3 中。

表 4-3　染色法结果

乳剂	苏丹红染色	亚甲蓝染色	结果	结论
液体石蜡乳				
石灰搽剂				
豆磷脂溶液				

3）干胶法制备初乳时，应注意：①油、水、胶三者的比例要适当；②研钵应干燥；③初乳未形成时不可以加水搅拌。

4）石灰搽剂的形成原理：氢氧化钙与菜油中所含的少量游离脂肪酸经皂化反应形成钙皂后，再乳化菜油而生成 W/O 型乳剂。

5）基本的乳剂类型是 W/O 型和 O/W 型。决定乳剂类型的因素很多，最主要的是乳化剂的性质和乳化剂的 HLB 值，其次是形成乳化膜的牢固性、相容积比、温度、制备方法等。

六、思考题

（1）石灰搽剂的乳化剂是什么？属何种类型的乳剂？

（2）分析液体石蜡乳的处方并说明各成分的作用。

（3）干胶法与湿胶法的特点分别是什么？

实验三　膜剂的制备

一、实验目的

（1）掌握匀浆制膜法制备小批量膜剂的方法。

（2）熟悉常用成膜材料的性质和特点。

二、实验原理

膜剂是指药物溶解或均匀分散于成膜材料中加工成的薄膜制剂。膜剂可供口服、口含、舌下给药，也可用于眼结膜囊内或阴道内；外用可作皮肤和黏膜创伤、烧伤或炎症表面的覆盖。膜剂的形状、大小和厚度等视用药部位的特点和含药量而定。一般膜剂的厚度为 0.1～0.2μm。

膜剂是在 20 世纪 60 年代开始研究并应用的一种新型制剂；70 年代国内对膜剂的研究已有较大发展。目前国内正式投入生产的膜剂有 30 余种。采用不同的成膜材料可制成不同释药速度的膜剂，既可制备速释膜剂，又可制备缓释膜剂或控释膜剂。膜剂的缺点是载药量小。

膜剂的制备方法主要分为 3 种：匀浆制膜法（图 4-14）、热塑制膜法（图 4-15）和复合制膜法（图 4-16）。复合制膜法主要取不溶性的热塑成膜材料为外膜，分别制成具有凹穴的下外膜带和上外膜带。另用水溶性的成膜材料用匀浆制膜法制成含药的内膜带，剪切后置于下外膜带的凹穴中。

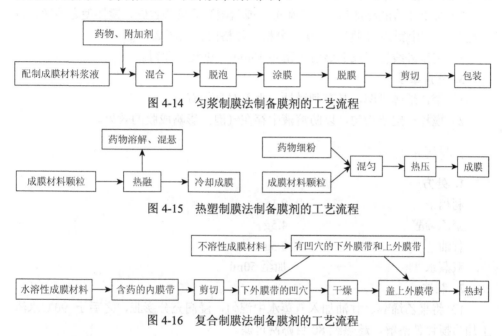

图 4-14　匀浆制膜法制备膜剂的工艺流程

图 4-15　热塑制膜法制备膜剂的工艺流程

图 4-16　复合制膜法制备膜剂的工艺流程

三、实验设备与实验材料

（一）实验设备

水浴锅，80 目筛，烧杯，玻璃棒，涂膜机，紫外线灯，玻璃板等。

（二）实验材料

硝酸（或盐酸）毛果芸香碱，聚乙烯醇，甘油，利福平，替硝唑，氧氟沙星，聚乙烯醇，羧甲基纤维素钠，糖精钠，利多卡因，山梨醇，双蒸水等。

四、实验内容

（一）毛果芸香碱眼用膜

1. 处方

硝酸（或盐酸）毛果芸香碱　　　　15g

聚乙烯醇	28g
甘油	2g
双蒸水	30ml

2. 制法

1）将聚乙烯醇、甘油加入 30ml 双蒸水中，搅拌，使膨胀，膨胀后，于 90℃水浴上加热搅拌使溶解，趁热经 80 目筛网过滤。

2）待上述溶液冷却后，加入硝酸（或盐酸）毛果芸香碱，搅拌使之溶解，待气泡除尽，用涂膜机制膜，干燥，分格，每格内含主药 2.5mg。

3）用紫外线灯正反面照射灭菌各 15min，包装，即得。

3. 注意事项

1）聚乙烯醇可燃，具有刺激性，吸入对身体有害。

2）搅拌一定要均匀，以防溶液中存在气泡，影响成膜的效果。

（二）利福平眼用膜

1. 处方

利福平	0.15g
聚乙烯醇	4.5g
甘油	0.5g
双蒸水	加至 50ml

2. 制法

1）将聚乙烯醇、甘油加入双蒸水中混匀，浸润充分膨胀，之后于 90℃水浴上加热搅拌使溶解，趁热经 80 目筛网过滤。

2）冷却后，加入研成细粉的利福平，混匀，常温静置，消去气泡。

3）将玻璃板预热至相同温度后，涂膜。

4）将其晾干或低温烘干，小心揭下药膜，封装于塑料袋中，即得。

3. 注意事项

1）聚乙烯醇浸泡时间要长，使其充分膨胀，然后加热使其溶解。

2）玻璃板可用铬酸清洁液处理，洗后自然晾干，有利于药膜的脱膜。或洗净干燥后，涂擦液体石蜡，也可以利于药膜的脱膜。

（三）复方替硝唑口腔膜剂

1. 处方

替硝唑	0.2g
氧氟沙星	0.5g
聚乙烯醇	3.0g

羧甲基纤维素钠	1.5g
甘油	2.5g
糖精钠	0.05g
双蒸水	加至 100ml

2. 制法

1）将聚乙烯醇、羧甲基纤维素钠分别浸泡过夜，溶解。

2）将替硝唑溶于 15ml 热双蒸水中，氧氟沙星加适量稀乙酸溶解后加入，加糖精钠、双蒸水补至足量。

3）放置，待气泡除尽后，涂膜，干燥分格，每格含替硝唑 0.5mg，氧氟沙星 1mg。

3. 注意事项

1）加热会促进替硝唑的溶解。

2）制备过程中需搅拌均匀，以防溶液中存在气泡，影响成膜效果。

（四）利多卡因膜剂

1. 处方

利多卡因	4g
聚乙烯醇	4g
山梨醇	0.7g
甘油	0.5g
双蒸水	适量

2. 制法

1）将聚乙烯醇与适量双蒸水混匀，浸润溶胀后，加热至 90℃使其溶解。

2）加入研成极细粉的山梨醇、利多卡因和甘油，加双蒸水至全量。

3）搅拌均匀后，在 45℃保温静置，除去气泡。

4）将玻璃板预热至相同温度后，涂膜，在 70℃下干燥。

3. 注意事项

1）利多卡因的局部麻醉效能与持续时间均较普鲁卡因强，但毒性也较大。

2）对利多卡因发生过敏反应者，应给予抗组胺药物或糖皮质激素。

3）利多卡因膜剂处方中，利多卡因是主药；聚乙烯醇是成膜材料；山梨醇和甘油是增塑剂，使膜系韧性好，表面光滑，并有一定的抗拉强度。

五、结果与讨论

1）将不同膜剂的质量检查结果记录于表 4-4 中。

表 4-4　不同膜剂的质量检查

	外观	成膜性质	黏附性质
毛果芸香碱眼用膜			
利福平眼用膜			
复方替硝唑口腔膜剂			
利多卡因膜剂			

2）以上处方中均含有甘油，甘油起到增塑剂的作用。同样能够起到增塑作用的辅料，还有山梨醇等。

3）成膜材料制备时，应给予充足的时间让其自然充分溶胀；药物加进成膜材料中时，搅拌要缓慢，以免产生气泡；涂膜时不得搅拌，温度要适当，若过高可造成膜中发泡。

六、思考题

（1）膜剂在应用上有哪些特点？

（2）试设计氟化钠膜剂的处方，简述其制备过程及操作注意点。

实验四　混悬型液体制剂的制备

一、实验目的

（1）掌握混悬型液体药剂的一般制备方法。

（2）熟悉按药物性质选用合适的稳定剂。

（3）掌握混悬型液体制剂质量评定方法。

二、实验原理

混悬型液体制剂简称混悬剂，是指难溶性固体药物以细小的微粒（＞0.5μm）分散在液体分散介质中形成的非匀相分散体系。

优良的混悬型液体制剂，除一般液体制剂的要求外，应有一定的质量要求，微粒外观细腻，分散均匀；微粒沉降较慢，下沉的微粒经振摇能迅速再均匀分散，不应结成饼块；微粒大小及液体的黏度，应符合用药要求，易于倾倒且分剂量准确，混悬型液体制剂应易于涂展在皮肤患处，且不易被擦掉或流失。

混悬剂中粒子沉降速度服从 Stoke's 定律：

$$V = 2r^2 \ (\rho_1 - \rho_2) \ g/9\eta \tag{4-1}$$

式中，V 为沉降速度（cm/s）；r 为微粒半径（cm）；ρ_1 为微粒的密度（g/ml）；ρ_2 为介质的密度（g/ml）；g 为重力加速度（cm/s^2）；η 为分散介质的黏度[g/(cm·s)]。

从式（4-1）可知，影响沉降的主要因素有微粒半径，微粒、介质的密度和分散介质的黏度等。因此，减少粒子沉降速度的主要方法是尽量减少微粒半径；加入高分子助悬剂，如天然胶类、合成的天然纤维素类、糖浆等，增加混悬液的稳定性；此外，还可以采用添加表面活性剂、絮凝与反絮凝剂的方法增加混悬液的稳定性。

混悬剂中微粒分散度大，有较大的表面自由能，体系处于不稳定状态。根据 $\Delta F = \sigma SL^2 \Delta A$，$\Delta F$ 为微粒总的表面自由能的改变值，取决于固液间界面张力 σSL 和微粒总表面积的改变值 ΔA。因此在混悬型液体制剂中可加入表面活性剂降低 σSL，降低微粒表面自由能，使体系稳定。表面活性剂又可以作为润湿剂，有效地使疏水性药物被水润湿，从而克服微粒由于吸附空气而漂浮的现象。也可加入混悬剂改变混悬剂的稳定性，如硫黄粉末分散在水中时，也可以加入适量的絮凝剂，中和微粒表面所带相反电荷，使微粒 ξ 电位降低到一定程度，则微粒发生部分絮凝，随之微粒的总表面积 ΔA 减小，表面自由能 ΔF 下降。

混悬剂的稳定性可以采用沉降容积比（F）表示。$F = V/V_0 = H/H_0$，式中 H_0 为沉降前悬浮物的高度，H 为沉降一段时间后悬浮物的高度。F 值为 0～1，F 值越大混悬剂越稳定。以 H/H_0 为纵坐标，沉降时间（t）为横坐标作图，可得沉降曲线。一般来说，沉降曲线平和、缓慢降低可认为处方设计优良。

三、实验设备与实验材料

（一）实验设备

乳钵，烧杯，玻璃棒，垂熔漏斗等。

（二）实验材料

炉甘石，氧化锌，甘油，羧甲基纤维素钠，硫酸锌，沉降硫，樟脑醑，醋酸可的松，吐温 80，硝酸苯汞，硼酸，氯仿等。

四、实验内容

（一）炉甘石洗剂

1. 处方

炉甘石	7.5g
氧化锌	2.5g
甘油	2.5ml

羧甲基纤维素钠　　　　　　　　　0.125g

双蒸水　　　　　　　　　　　　　加至 50ml

2. 制法

1）取炉甘石、氧化锌研细，加 2.5ml 甘油和适量双蒸水共研成糊状。

2）另取羧甲基纤维素钠添加双蒸水溶解后，分次加入上述糊状液中，边加边搅拌，再加双蒸水使之成 50ml，搅匀，即得。

3. 注意事项

1）氧化锌有轻质和重质两种，本实验中选用轻质氧化锌。

2）炉甘石和氧化锌均为不溶于水的亲水性药物，能被水润湿。因此在实验过程中，先加入甘油和少量水将其研磨成糊状，再加入羧甲基纤维素钠，使微粒周围形成水化膜以阻碍微粒的聚合，振摇时易于分散。

（二）复方硫洗剂

1. 处方

硫酸锌　　　　　　　　　　　　　1.5g

沉降硫　　　　　　　　　　　　　1.5g

樟脑醑　　　　　　　　　　　　　12.5ml

甘油　　　　　　　　　　　　　　5ml

羧甲基纤维素钠　　　　　　　　　0.25g

双蒸水　　　　　　　　　　　　　加至 50ml

2. 制法

1）取羧甲基纤维素钠，加适量的双蒸水，迅速搅拌，使成胶浆状。

2）取沉降硫，分次加入 5ml 甘油，并研磨细腻，与前者混合。

3）取硫酸锌溶于 20ml 双蒸水中，过滤，将滤液缓缓加入上述混合液中，然后再缓缓加入樟脑醑，边加边研磨，最后加双蒸水至 50ml，搅匀，即得。

3. 注意事项

1）沉降硫为强疏水性物质，颗粒表面易吸附空气而形成气膜，故易集聚而浮于液面，因此在实验过程中应先加入甘油润湿研磨，使其易与其他药物混悬均匀。

2）樟脑醑应以细流缓缓加入混合液中，并快速搅拌，以免析出较大颗粒的樟脑。

3）处方中羧甲基纤维素钠可增加分散介质的黏度，并能吸附在微粒周围形成保护膜，进而使本品趋于稳定。

（三）醋酸可的松

1. 处方

醋酸可的松　　　　　　　　　　　5g

氯仿	适量
汽油	适量
吐温 80	0.8g
羧甲基纤维素钠	2g
硼酸	20g
硝酸苯汞	0.02g
双蒸水	加至 100ml

2. 制法

1）将醋酸可的松溶于适量氯仿中，滤过，将氯仿溶液在搅拌下加至适量汽油中，并搅拌 30min，滤出醋酸可的松结晶，120℃真空干燥，可得 10μm 以下的结晶占 75%。

2）取硝酸苯汞溶于处方量 50%的双蒸水中，加热至 40～50℃，加入硼酸、吐温 80 使其溶解，3 号垂熔漏斗过滤待用。

3）将羧甲基纤维素钠溶于处方量 30%的双蒸水中，过滤后加热至 80～90℃，加入醋酸可的松微晶搅匀，保温 30min，冷却至 40～50℃。

4）搅拌下加入硝酸苯汞溶液，加双蒸水至全量，搅匀，200 目尼龙筛过滤两次，分装，封口，100℃流通蒸汽灭菌 30min，即得。

3. 注意事项

1）羧甲基纤维素钠配液前需精制，因阳离子表面活性剂可与羧甲基纤维素钠发生配伍反应，故溶液中不能加入阳离子型表面活性剂。

2）为防止结块，灭菌过程中应振摇，或采用旋转无菌设备，灭菌前后均应检查有无结块。

（四）稳定性评价

分别记录静置 10min、20min、30min、40min、50min、60min 的沉降后悬浮物的高度。用公式 $F = H/H_0$ 计算沉降体积比。

五、结果与讨论

1）记录不同处方制备混悬剂在不同时间点的沉降体积，见表4-5。

表4-5 不同处方制备混悬剂在不同时间点的沉降体积

时间/min	0	10	20	30	40	50	60
炉甘石洗剂							
复方硫洗剂							
醋酸可的松							

2）根据表4-5中数据计算沉降体积比（F），以F为纵坐标，t为横坐标，绘制F-t曲线图，并比较不同处方混悬剂的稳定性，分析原因。

3）在制备混悬剂的过程中，需加入能使混悬剂稳定的附加剂，称为稳定剂，如助悬剂、润湿剂等，常见的稳定剂有甘油、山梨醇、阿拉伯胶、海藻酸钠、羧甲基纤维素钠等。

六、思考题

（1）哪些药物适合制成混悬剂？

（2）试述混悬剂的质量要求和质量评价方法。

实验五　散剂与颗粒剂的制备

一、实验目的

（1）掌握散剂和颗粒剂的概念和特点。

（2）熟悉散剂和颗粒剂的制备方法、质量检查和包装储存。

二、实验原理

散剂是指药物与适宜的辅料经粉碎、均匀混合制成的干燥粉末状制剂。除另有规定外，口服散剂为细粉；儿童用及局部用散剂为最细粉；眼用散剂一般规定为应全部通过9号筛（200目，75μm）。散剂的一般制备流程如图4-17所示。

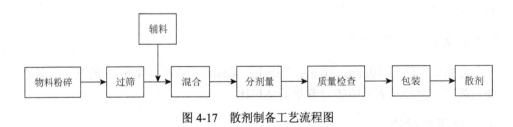

图4-17　散剂制备工艺流程图

将原料粉碎后，根据散剂的粒度要求进行筛分，然后与处方量的其他成分（药物或辅料）混匀、分装、质检等。散剂的粒度小、分散度大，因此混合均匀是保证散剂质量的关键。

颗粒剂是指药物与适宜的辅料混合制成具有一定粒度的干燥粒状制剂。除另有规定外，按照粒度和粒度分布测定法进行粒度检查，不能通过一号筛（2000μm）和能通过五号筛（180μm）的总和不得超过供试量的15%。颗粒剂的一般制备流程如图4-18所示。

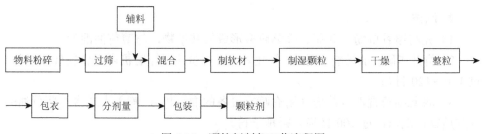

图 4-18　颗粒剂制备工艺流程图

　　首先将药物进行前处理，即粉碎、过筛、混合，然后制粒。混合前的操作完全与散剂的制备相同，制粒是颗粒剂的标志单元操作。制粒方法为分两大类，即湿法制粒和干法制粒，其中传统的湿法制粒是目前制备颗粒剂的主流。

三、实验设备与实验材料

（一）实验设备

　　研钵，球磨机，烘箱，烧杯，玻璃棒等。

（二）实验材料

　　麝香草酚，薄荷，樟脑，滑石粉，水杨酸，氧化锌，硼酸，升华硫，薄荷油，淀粉，冰片，硼砂，朱砂，玄明粉，维生素 C，糊精，糖粉，酒石酸，乙醇，大青叶，板蓝根，拳参，连翘等。

四、实验内容

（一）痱子粉

1. 处方

滑石粉	67.7g
水杨酸	1.4g
氧化锌	6g
硼酸	8.5g
升华硫	4g
麝香草酚	0.6g
薄荷	0.6g
薄荷油	0.6g
樟脑	0.6g
淀粉	10g

2. 制法

1）先将麝香草酚、薄荷、樟脑研磨形成低共熔物，与薄荷油混匀。

2）将升华硫、水杨酸、硼酸、氧化锌、滑石粉共置球磨机内混合粉碎成细粉，过 100～120 目筛。

3）将此细粉置混合筒内（附有喷雾设备的混合机），喷入上述含有薄荷油的低共熔物，混匀，过 100 目筛，得痱子粉。

3. 注意事项

1）升华硫为黄色结晶性粉末，微臭，使用时应避免吸入。

2）氧化锌、滑石粉等用前应干热灭菌，淀粉 105℃ 烘干备用。

3）处方中麝香草酚、薄荷脑、樟脑为共熔组分，研磨混合时产生液化现象，需先以少量滑石粉吸收后，再与其他组分混匀。

（二）冰硼散

1. 处方

冰片	0.5g
硼砂	5g
朱砂	0.6g
玄明粉	5g

2. 制法

1）取朱砂以水飞法粉碎成细粉，其他各药分别研细，过 100 目筛。

2）先将朱砂与玄明粉混匀，再与硼砂研磨混合，过筛，然后加入冰片研匀，过筛即得。

3. 注意事项

1）冰片为挥发性药物，故在制备散剂时最后加入，同时密封贮藏，以防成分挥发。

2）混合时取少量玄明粉放于乳钵内先行研磨，以饱和乳钵的表面能。再将朱砂置研钵中，逐渐加入等量玄明粉研匀，再加入硼砂研匀。

3）处方中朱砂成分中含有硫化汞，呈现鲜红或暗红色，处方中加入朱砂，有助于观察混合的均匀性。

（三）维生素 C 颗粒剂

1. 处方

维生素 C	1g
糊精	10g
糖粉	9g

酒石酸	0.1g
70%乙醇	适量

2. 制法

1）粉碎：取糖粉、糊精、维生素 C 分别粉碎，过 100 目筛。

2）混合：维生素 C 与糖粉、糊精按照等量递加法混合均匀，得混合粉。

3）制软材：取酒石酸溶于适量 70%乙醇中，加入上述混合粉中，混合制软材。

4）制湿颗粒：取软材挤压过 12 目筛，制湿颗粒。

5）干燥：将湿颗粒置烘箱内 50～60℃干燥约 40min，如颗粒仍含有水，可适当延长干燥时间。

6）整粒：取上述干颗粒过 10 目筛进行整粒，称重，计算得率。

7）颗粒得率 = 颗粒实际量（g）/原辅料投入量（g）×100%。

3. 注意事项

1）维生素 C 与糖粉、糊精按顺序加入。

2）维生素 C 遇光分解变色，在金属离子存在的条件下，吸潮或受热更易变色。

3）处方中的糖粉是可溶性颗粒剂的优良赋形剂，并有矫味及黏合作用。糊精是淀粉的水解产物，主要作用是填充剂。

（四）感冒退热颗粒剂

1. 处方

大清叶	2g
板蓝根	2g
连翘	1g
拳参	1g
乙醇	适量
蔗糖粉	3 份
糊精	1.25 份

2. 制法

1）将以上四味药（大清叶、板蓝根、连翘和拳参），加双蒸水煎煮 2 次，每次 1.5h，合并煎液，滤过，滤液浓缩至相对密度约为 1.08（90～95℃）的清膏，待冷至室温。

2）加等量的乙醇，静置沉淀；取上清液浓缩至相对密度 1.20（60～65℃）的清膏，加等量的双蒸水，搅拌，静置 8h，弃沉淀。

3）取上清液浓缩成相对密度为 1.38～1.40（60～65℃）的清膏。取清膏 1 份、蔗糖粉 3 份、糊精 1.25 份及乙醇适量，制成颗粒，挤压过 10 目筛，50～60℃干燥 30min。

　　4）取上述干颗粒过 40 目筛进行整粒，即得。

3. 注意事项

　　1）为使成品纯净，提取液浓缩至相对密度约为 1.08，加等量的乙醇使其沉淀，以除去树胶、蛋白质等杂质，同时便于制粒。

　　2）制备所需糖粉需 60℃干燥，除去结晶水。

五、结果与讨论

　　1）将不同散剂和颗粒剂的质量检查记录于表 4-6 中。

表 4-6　　不同散剂和颗粒剂的质量检查

	外观均匀度	粒度	水分	溶化性
痱子粉				
冰硼散				
维生素 C 颗粒剂				
感冒退热颗粒剂				

　　2）低共熔指的是使两种或两种以上物质混合后，出现润湿或液化的现象。处方中常见的低共熔组分有水杨酸苯酯、麝香草酚、薄荷脑、樟脑等。

六、思考题

　　散剂、颗粒剂要符合哪些质量要求？常规的质量检查有哪些？如何进行？

实验六　片剂的溶出度测定

一、实验目的

　　（1）掌握测定片剂溶出度的原理。

　　（2）熟悉测定片剂溶出度的方法。

二、实验原理

　　溶出度是指药物从片剂或胶囊剂等固体制剂溶入规定溶剂中溶出的速度和程度。但在实际应用中溶出度仅指一定时间内药物溶出的程度，一般用标示量的百分率表示。

　　片剂等固体制剂服用后，在胃肠道中要先经过崩解和溶出两个过程，才能通过生物膜吸收。对于许多药物来说，其吸收量通常与该药物从剂型中溶出的量成正比。对难溶性药物而言，溶出是其主要过程，故崩解时限往往不能作为判断难溶性药物制剂吸收程度的指标。溶解度小于 1.0g/L 的药物，体内吸收常受其溶出速度的影响。溶出度是评价固体制剂内在质量的重要指标之一。溶出速度除与药物的晶型、颗粒大小有关外，还与制剂的生产工艺、辅料、贮存条件等有关。

溶出度的测定原理符合 Noyes-Whitney 方程：

$$dc/dt = ks（C_s-C_t）\tag{4-2}$$

式中，dc/dt 为溶出速度；k 为溶出速度常数；s 为固体药物表面积；C_s 为药物的饱和浓度；C_t 为 t 时溶液的药物浓度。实验中，溶出介质的量必须远远超过使药物饱和的介质所需量。一般至少为使药物饱和时介质用量的 5~10 倍。

药物溶出度测定仪是模拟人体内的胃肠反应及运动，专门用于检测固体制剂溶出度、释放度的一种药物检测器，检测方法分为篮法、桨法、小杯法（《中华人民共和国药典》，简称《中国药典》，2015 年版分别称为第一法、第二法和第三法）。对于难溶性药物一般都应进行溶出度的测定。

三、实验设备与实验材料

（一）实验设备

溶出仪，烧杯，水浴锅，紫外-可见分光光度计，溶出杯（1000ml），微孔滤膜（>0.8μm），电子天平等。

（二）实验材料

0.04%氢氧化钠溶液，对乙酰氨基酚片，盐酸，氨茶碱片，甲硝唑片，人工胃液等。

四、实验内容

（一）对乙酰氨基酚片溶出度的测定

1. 测定方法

1）取盐酸 24ml，加水至 1000ml 作为溶剂，量取 1000ml 溶剂注入每个操作容器内，加温使溶剂温度保持在（37±0.5）℃。调节桨叶转速为 100r/min，并使其稳定。

2）取供试品，精密称定后，分别投入杯内，立即开始计时。分别在经 5min、10min、15min、30min、45min 时，取溶出液 5ml，同时补溶剂液 5ml，溶出液经 0.8μm 微孔滤膜滤过。

3）用移液管精密量取续滤液 1ml，加 0.04%氢氧化钠溶液稀释并定容至 50ml，摇匀，采用分光光度法，在 257nm 波长处测定吸光度，按 $C_8H_9NO_2$ 的吸收系数为 715，计算出每片的溶出量。

2. 结果分析

溶出度的计算公式如下。

$$溶出质量（g）= A \times 500 / E_{1cm}^{1\%} \qquad (4-3)$$

$$溶出度（\%）=（溶出质量/标示量）\times 100 \qquad (4-4)$$

式中，A 为吸光度；$E_{1cm}^{1\%}$ 为物质的吸收系数。结果判断依据：限度为标示量的 80%。

3. 注意事项

1）对所用的溶出度测定仪，应预先检查其是否运转正常，并检查温度的控制、转速等是否精确、升降桨叶是否灵活等。

2）桨叶的位置高低对溶出度测定有一定影响，应按规定的高度安装桨叶。

3）溶出介质要脱气，一般采用 3 种方法脱气：①超声波脱气；②直接煮沸脱气；③真空条件下，41℃水浴加热搅拌 5～10min 脱气。

（二）氨茶碱片中茶碱溶出度的测定

1）取氨茶碱一片，以蒸馏水 800ml 为溶剂，加温使溶剂温度保持在（37±0.5）℃。调整桨叶转速为 100r/min。

2）分别在 5min、10min、15min、30min、45min 时，取溶出液 10ml，同时补溶剂液 10ml，溶出液用 0.8μm 微孔滤膜滤过。

3）精密量取续滤液 1ml，加 0.01mol/L 氢氧化钠溶液定量稀释成 10ml 的溶液，采用分光光度法，在 275nm 的波长处测定吸光度，按茶碱的吸收系数为 650，计算出每片的溶出量。限度为标示量的 60%，应符合规定。

（三）甲硝唑片溶出度测定

1）取甲硝唑片一片，以人工胃液 900ml 为溶剂，超声脱气 15min 后，倒至各溶出杯中，（37±0.5）℃，各转篮中各放置 1 片硝唑片，将转篮降至滤器中。

2）分别在 5min、10min、15min、30min、45min 时，取溶出液 5ml，同时补溶剂液 5ml，溶出液用 0.8μm 微孔滤膜滤过。

3）取续滤液 2ml，添加人工胃液稀释至 50ml，采用分光光度法，在 277nm 的波长处测定吸光度。按甲硝唑片的吸收系数为 377，计算出每片的溶出量。限度为标示量的 60%，应符合规定。

五、结果与讨论

1）记录不同药剂在不同取样时间的溶出结果（表 4-7）。

表 4-7 不同药剂在不同取样时间的溶出结果

取样时间/min		5	10	15	30	45
对乙酰氨基酚片	吸光度（OD$_{257}$nm）					
	累计释放/%					
氨茶碱片	吸光度（OD$_{275}$nm）					
	累计释放/%					
甲硝唑片	吸光度（OD$_{277}$nm）					
	累计释放/%					

2）根据上述结果，检验药剂的溶出度是否达到《中国药典》的相关规定。

3）影响片剂成形的因素有：①物料的压缩特性；②药物的熔点及结晶形态；③黏合剂和润滑剂；④水分；⑤压力。

4）片剂的制备过程中可能会产生裂片，导致不能较好的成形，主要的原因有两方面处方因素：①物料中细粉太多，压缩时空气不能及时排出而结合力弱；②物料的塑性太差，结合力弱。工艺因素：①单冲压片机比旋转压片机易出现裂片；②快速压片比慢速压片易裂片；③凸面片剂比平面片剂易裂片；④一次压缩比二次压缩易出现裂片。

六、思考题

（1）固体制剂进行体外溶出度测定有何意义？哪些药物应进行溶出度测定？

（2）影响片剂溶出度的因素有哪些？

实验七 缓释制剂的制备及释放度测定

一、实验目的

（1）掌握缓释制剂的基本概念与作用特点。

（2）掌握缓释制剂的释药原理和方法。

（3）熟悉缓释制剂的主要类型。

二、实验原理

缓释制剂是指用药后能在机体内缓慢释放药物，使药物在较长时间内维持有效血药浓度的制剂。药物的释放多数情况下符合一级或 Higuchi 动力学过程。

由于缓释制剂含药量较普通制剂多，制剂工艺复杂。为了获得可靠的治疗效果，避免突释引起的毒副作用，需要制订合理的体外药物释放度实验方法。通过释放度的测定，找出其释放规律，从而选定合适的骨架材料，同时用于缓释片剂的质量控制。释放度的测定方法采用溶出度测定仪，释放介质一般采用人工胃液、人工肠液、水等介质。一般采用几个取样时间来测定药物释放度。第一个时间点通常为用药后 1h 或 2h，主要考察制剂有无突释效应。第 2 个或第 3 个时间点主要考察制剂释放的特性和趋势，具体时间及释放量根据各品种要求而定。最后一个时间点主要考察制剂是否释放完全，释放量要求在 75% 以上。设计口服缓释制剂时还要考虑理化因素，如剂量大小、pK_a、解离度和水溶性、分配系数、稳定性，以及生物因素如生物半衰期、吸收、代谢等。

三、实验设备与实验材料

（一）实验设备

单冲压片机，溶出度仪，紫外分光光度计等。

（二）实验材料

茶碱，硬脂醇，羟丙基甲基纤维素，乳糖，乙醇，硬脂酸镁，阿莫西林，乳糖，磷酸氢钙，微粉硅胶等。

四、实验内容

（一）茶碱亲水凝胶骨架片的制备

1. 处方

茶碱	3g
羟丙基甲基纤维素	1.2g
乳糖	1.5g
80%乙醇溶液	适量
硬脂酸镁	0.069g

2. 制法

1）将茶碱、乳糖分别过 100 目筛，羟丙基甲基纤维素过 80 目筛，混合均匀，加 80%乙醇溶液制成软材，过 18 目筛制粒。

2）50～60℃干燥，16 目整粒，称重，加入硬脂酸镁混匀。

3）进行压片，计算片重，每片含茶碱100mg。

3. 释放度检测

（1）标准曲线的制作

精密称取茶碱对照品约 20mg，置于 100ml 容量瓶中，加 0.1mol/L 的盐酸溶液溶解，摇匀并定容。精密吸取此溶液 10ml 置于 50ml 容量瓶中，加蒸馏水摇匀并定容。然后精密吸取该溶液 2.5ml、5ml、7.5ml、10ml、12.5ml、15ml、17.5ml，分别置于 50ml 容量瓶中，加蒸馏水定容。按分光光度法，在波长 270nm 处测定吸光度，以吸光度对浓度进行回归分析，得到标准曲线回归方程。

（2）释放度实验

取制得的亲水凝胶缓释片或溶蚀型骨架缓释片 1 片，按《中国药典》2015年版释放度测定方法规定，采用溶出度测定桨法的装置，以蒸馏水 900ml 为释放介质，温度为（37℃±0.5）℃，转速为 50r/min，经 1min、2min、3min、4min、5min、6min，分别取样 6ml，同时补加同体积释放介质，样品经 0.8μm 微孔滤膜过滤，取续滤液 1ml（先被过滤下来的滤液称为初滤液，此时的滤液纯净度不够，弃去，把初滤液倒掉之后继续采集到的滤液，为续滤液），置于 10ml 容量瓶中加蒸馏水定容，在 270nm 处测定吸光度，分别计算出每片在上述不同时间的溶出量。

4. 注意事项

1）软材需注意其湿度和黏度，过湿或过干都将对压成的片剂质量有影响。

2）颗粒所含水分应均匀，适量，一般干颗粒所含水分为 1%～3%。

（二）阿莫西林凝胶骨架片的制备

1. 处方

阿莫西林	50g
羟丙基甲基纤维素（固体）	10g
乳糖	12g
磷酸氢钙	14g
羟丙基甲基纤维素（溶液）	适量
微粉硅胶	适量

2. 制法

1）将阿莫西林按以上处方中的羟丙基甲基纤维素（固体）混合均匀。

2）依次分别加入乳糖、磷酸氢钙等辅料，过 40 目不锈钢筛混合 3～4 次。加入适量的 2%羟丙基甲基纤维素溶液制软材。

3）过 16 目尼龙筛制粒，置 45～50℃烘箱中干燥 3～4h，过 60 目筛，整粒，加入适量微粉硅胶（润滑剂）压片，压力 6～8kg/cm²。

3. 释放度检测

（1）标准曲线的制作

精密称取阿莫西林对照品适量，采用 0.1mol/L 的盐酸溶液和 pH 6.8 磷酸盐缓冲液配制浓度为 1mg/ml 的对照液。吸取 2ml、4ml、6ml、8ml、10ml、12ml、14ml 置于 50ml 容量瓶中，稀释定容。在 272nm 波长处测定吸光度。

（2）释放度实验

取本品，按《中国药典》2015 年版释放度测定方法规定，采用溶出度测定浆法的装置，转速 100r/min，温度（37±0.5）℃，以 0.1mol/L 盐酸溶液和 pH 6.8 磷酸盐缓冲液各 900ml 为释放介质，按以下时间 1min、2min、3min、4min、5min、6min 时间分别取样 5ml，0.8μm 微孔滤膜过滤，同时补充介质 5ml。另取阿莫西林对照品适量，制成 1ml 中含 143.5μg 的对照品溶液，于 272nm 波长处分别测定吸光度。

4. 注意事项

1）阿莫西林对湿热均不太稳定，制备凝胶骨架片除可用湿颗粒法压片外，最好采用直接粉末压片。湿颗粒加热温度选用 60℃以下，以防止阿莫西林高温分解和失去结晶水。

2）制颗粒的筛网最适宜用不锈钢筛或尼龙筛，防止金属筛中的铜离子、铁离子与药物的配伍变化，致阿莫西林变黄。

五、结果与讨论

1）记录茶碱、阿莫西林释放度的相关数据并绘制标准曲线（表 4-8，表 4-9）。

表 4-8 茶碱的释放度标准曲线

茶碱浓度/(mg/ml)
吸光度（OD_{270}nm）

表 4-9 阿莫西林的释放度标准曲线

阿莫西林浓度/(mg/ml)
吸光度（OD_{270}nm）

2）药剂累计释放度的计算（表 4-10）。

表 4-10 两种缓释制剂不同时间释放度数据

时间/h	1	2	3	4	5	6
茶碱						
阿莫西林						

六、思考题

（1）设计口服缓释制剂时主要考虑哪些影响因素？

（2）测定缓释试剂释放度的方法有哪些？

第五章　药物分析学实验

第一节　药物分析学实验理论基础

一、药典的基本知识及使用方法

（一）药典

药典（pharmacopoeia）是一个国家记载药品标准、规格的法典，一般由国家药品监督管理局主持编纂、颁布实施，国际性药典则由公认的国际组织或有关国家协商编订。药典是从本草学、药物学及处方集的编著演化而来。药典的重要特点是它的法定性和体例的规范化。法定性是指药典具有法律约束力。规范化是指全书按一定的体例进行编排。

（二）药品质量标准

药品质量标准（简称药品标准）是根据药物自身的性质、来源与制备工艺、储存等各个环节制定的，用以检测药品质量是否达到用药要求，并衡量其质量是否稳定均一的技术规定，是药品生产、供应、使用、检验和药政管理部门共同遵循的法定依据。药品必须符合国家药品标准。国家药品标准是保证药品质量的法定依据。现行的《中华人民共和国药典》2015 年版收载国家药品标准。

（三）中国药典

《中华人民共和国药典》简称《中国药典》，英文名称为 Pharmacopoeia of The People's Republic of China，简称为 Chinese Pharmacopoeia（缩写为 ChP）。《中国药典》由国家药典委员会执行委员会议审议通过，由国家食品药品监督管理局（CFDA）颁布实施。

1949 年后，《中国药典》已经先后颁布了 10 版（1953 年版、1963 年版、1977 年版、1985 年版、1990 年版、1995 年版、2000 年版、2005 年版、2010 年版和 2015 年版）。现行版本为《中国药典》2015 年版，于 2015 年 6 月 5 日经 CFDA 批准颁布，自 2015 年 12 月 1 日起执行。

《中国药典》2015 年版共有四部出版：一部收载药材和饮片、植物油脂和提取物、成方制剂和单味制剂等；二部收载化学药品、抗生素、生化药品及放射性药品等；三部收载生物制品；四部收载通则，包括制剂通则、检验方法、指导原则、标准物质和试液试药相关通则、药用辅料等。

《中国药典》的内容即国家药品标准，包括凡例、正文及其引用的通则。凡例是正确使用《中国药典》进行药品质量检定的基本原则，是对《中国药典》正文、通则及与质量检定有关的共性问题的统一规定。

在每一部《中国药典》各品种项下收载的内容为标准正文。正文内容根据品种和剂型的不同，按顺序可分别列有（《中国药典》2015 年版第二部）：品名（包括中文名、汉语拼音与英文名）；有机药物的结构式；分子式与分子质量；来源或有机药物的化学名称；含量或效价规定；处方；制法；性状；鉴别；检查；含量或效价测定；类别；规格；贮藏；制剂；杂质信息等。

通则主要收载制剂通则、通用检测方法和指导原则。制剂通则是依照药物剂型分类，针对剂型特点所规定的基本技术要求；通用检测方法是各正文品种进行相同检查项目的检测时，所应采用的统一设备、程序、方法及限度等；指导原则执行药典过程中考察药品质量、起草与复核药品标准等所制定的指导性规定。

为方便使用和检索，《中国药典》均附有索引。《中国药典》除了中文品名目次是按中文笔画及起笔笔形顺序排列外，书末分列有中文索引和英文索引。中文索引按汉语拼音顺序排列。英文索引按英文名称的首字母顺序排列。所以可供方便快速地查阅药典中的有关内容。

（四）外国药典

目前世界上已有数十个国家和地区编制了药典，代表性的药典有《美国药典》《英国药典》《日本药局方》《欧洲药典》。

《美国药典》（United States Pharmacopoeia，USP）由美国药典委员会编制出版。为减少重复，方便使用，从 1980 年起，USP 与国家处方集（National Formulary，NF）合并为一册出版，用 USP-NF 表示。《美国药典》的现行版本是 USP(41)-NF(36)版，2017 年 12 月出版，2018 年 5 月 1 日生效。USP-NF 标准建立过程的公开性、公正性、科学性，以及使用技术的先进性，使 USP-NF 标准具备了广泛的权威性，而在许多国家和地区被直接用作法定的药品标准。

《英国药典》（British Pharmacopoeia，BP）由英国药典委员会编制出版。英国药典有悠久的历史，最早的药典是 1618 年编写的《伦敦药典》，后又有《爱丁堡药典》和《爱尔兰药典》，1864 年合为《英国药典》。《英国药典》的现行版本为 2018 年版，简写为 BP2018。

日本药典名称是《日本药局方》（Japanese Pharmacopoeia，JP），由日本药典委员会编制出版。《日本药局方》历史也较悠久，1886 年出版了《日本药局方》第一版。《日本药局方》分为两部，一部包括凡例、制剂总则、一般实验方法（是指各类测定方法）和医药品各论（主要为化学药品、抗生素、放射性药品及各种制剂）。二部包括通则、生药总则、制剂总则、一般实验方法和医药品各论（主要为生药、生物制品、调剂用附加剂等）。《日本药局方》现行版本是第 17 版，以 JP17 表示。

《欧洲药典》（European Pharmacopoeia，EP），由欧洲药品质量管理局起草和编辑出版，EP 的最新版本为 EP9.5，其权威性和影响力正在不断扩大。包括欧盟在内的 38 个欧洲药典委员会国家，参与制定和执行，另有世界卫生组织（WHO）和包括中国等在内的 23 个国家已成为欧洲药典委员会的观察员，这增强了 EP 药品标准在欧盟之外的辐射和影响。

《国际药典》由 WHO 编撰出版，其缩写为 Ph. Int.，供 WHO 成员国免费使用。《国际药典》第一版出版于 1951 年，现行版为 2015 年出版的第五版，同步发行网络版和光盘版，出版时间不定期，经成员国法律明确规定执行时，才具有法律效力。

二、药品检验工作的基本程序

药品检验工作的基本程序一般包括：取样（检品收检）、检验、留样和生成检验报告。

（一）取样

取样是指从一批产品中，按取样规则抽取一定数量具有代表性的样品用于检验。取样基本原则是均匀、合理。为使取样具有代表性，对生产规模的固体原料需要用取样探子取样，取样量因产品数量不同而不同。设总件数为 n，则：$n \leqslant 3$ 时，每件取样；$3 < n \leqslant 300$ 时，取样件数为 $\sqrt{n} + 1$；$n > 300$ 时，取样件数为 $\dfrac{\sqrt{n}}{2} + 1$。制剂取样视具体情况而定。一次取得的样品应至少可供 3 次检验用，取样时应填写取样记录，取样容器和被取样包装上都应贴上标签。

（二）检验

检验是根据国家药品标准对样品进行检测，将检测结果与标准规定比较来判断是否符合要求。检验操作的基本要求如下。

1. 检验准备

核对样品情况，记录样品编号、品名、规格、批号、有效期及收检日期。

2. 检验依据

写明检验的依据。

3. 检验过程

具备相应专业技术的人员，按照质量标准及其方法和有关 SOP 进行检验，按检验顺序依次记录检验项目名称、检验日期、操作方法、实验条件、实验现象、实验数据计算、结论。

4. 标准品或对照品

记录标准品或对照品来源、批号和使用前处理。含量（效价）测定的要注明含量（效价）和干燥失重。

5. 检验项目与结果

按顺序进行检验项目（在标准规定的范围内），得出检验结果、结论（合格或不合格），最后签名。

6. 结果审核

结果审核需要进行检验记录编号、检验登记、结论、检验人员签名、复核人员签名、负责人签名。

（三）留样

接受检验的样品必须留样，数量不得少于一次全项检验用量。留样的检品要登记、入库保存。留样室要符合贮存条件。留样检品保存一年；进口检品保存两年；中草药保存半年；医院制剂保存 3 个月；特殊检品可不留样。

（四）生成检验报告

药品检验报告是对药品质量做出的技术鉴定，是具有法律效力的技术文件。检验记录应依据准确，数据无误，结论明确，文字简洁，书写清晰，格式规范，且一张检验报告只针对一个批号。

三、计量器具的正确检定和使用

容量分析仪器使用前，先用重铬酸钾洗液浸泡或者使用合成洗涤剂洗涤，再用自来水将其冲洗干净，然后用适量蒸馏水荡洗 3 遍至容器内壁能均匀被水湿润而无条纹与水珠，晾干备用。另外，容量分析仪器的容积并不一定与它所标示的值完全一致，也就是说刻度不一定十分准确，因此在实验工作前，尤其对于准确度要求较高的实验，必须予以校正。

（一）容量瓶的使用练习与校正

1. 容量瓶使用前检查

容量瓶使用前需要检漏。方法如下：加水至标线附近，盖好瓶塞，用左手食指按住瓶塞顶部，同时用其他手指握住瓶颈，右手指尖托住瓶底，将容量瓶倒置 2min，观察是否有水渗出，以检查容量瓶的磨口瓶塞是否漏水。

2. 容量瓶的使用练习

将准确称量的易溶于水的试样 NaCl 置于小烧杯中，加约 20ml 水，用玻璃棒搅拌至完全溶解，搅拌均匀，然后用玻璃棒引流，将烧杯中的溶液完全转移至

100ml 容量瓶中。再每次用约 10ml 水将烧杯洗 2～3 次，洗液也用玻璃棒转移至容量瓶中，继续往容量瓶中加水至距离刻度线 1cm 处时，然后用滴管加水至刻度线。定容后，盖紧瓶塞，一手握瓶底，另一手用食指顶住瓶塞并握住瓶颈，上下倒转晃动容量瓶，至溶液完全混匀。

3. 容量瓶的校正

将容量瓶洗净，倒置沥干，自然干燥后，将容量瓶和装有蒸馏水的烧杯一起放入天平室中 20min，使温度平衡，并记录蒸馏水的温度。首先称量空的容量瓶和瓶塞的重量后，注入已测温度的蒸馏水至刻度线，再称盛水的容量瓶的重量，两次重量之差即水的重量。查出该温度下水的密度，即可求出真实容积。

（二）移液管的使用练习与校正

1. 移液管的使用练习

取不同规格的移液管，将定量的纯水从烧杯中转移到锥形瓶中，注意以下操作要点。

1）左手拿洗耳球，右手拿移液管，拇指和中指捏移液管的上端，用食指按管口（不要用其他手指按）。

2）放液时移液管一定要垂直，下端口要靠住接液容器的内壁。

3）放完溶液后，移液管下端必须停靠接液容器内壁 15s。

2. 移液管的校正

将移液管洗净，吸取蒸馏水至标线以上，调节水的弯月面至标线。将水放入已称重的小锥形瓶中。再称重，两次重量之差，即水的重量。该实验温度时，水的重量除以相应温度时的水密度，即可以得到真实体积。

（三）滴定管的使用练习与校正

1. 滴定管的使用练习

为防止滴定管漏液，酸式滴定管使用前需涂凡士林，首先将滴定管旋塞拔出，用干净的吸水纸将旋塞及旋塞套擦干，在旋塞的粗端及旋塞套的细端分别涂上一层均匀的凡士林薄层，注意不要涂入塞孔中使其阻塞。然后将旋塞装回旋塞套中，沿同一方向旋转旋塞，并套一合适的橡皮圈以防旋塞脱落。碱式滴定管如果漏液，可以更换合适大小的玻璃珠或者配套乳胶管以防止漏液。

将一定量的蒸馏水装入滴定管至刻度线"0"以上，开启旋塞或挤压玻璃珠，将滴定管下端气泡排出，并将管内液面调至刻度线"0"处。排出滴定管气泡的方法如下：如果为酸式滴定管，可使滴定管倾斜，打开旋塞，使溶液急速流下以排出气泡；如果为碱式滴定管，可使下端乳胶管向上弯曲，并用手指挤压玻璃球附近的乳胶管使气泡排出。

2. 滴定管的校正

取一干燥的锥形瓶，精密称定。将已测温度的蒸馏水装入滴定管中，并将液面调节至刻度线"0"处，从滴定管放 5ml 或者 10ml 水至锥形瓶中，精密称量加水后锥形瓶的质量，并计算锥形瓶中水的质量，然后再放一定体积的水，再称重，如此一段一段地矫正。查出该温度下水的密度，即可求出真实容积。

（四）注意事项

1）容量瓶、滴定管、移液管通常用液体清洗，当有油腻性污物时，可用洗液浸泡，也可使用适当的有机溶剂或重铬酸钾洗液清洗。

2）容量瓶用于精密配制一定体积的溶液，而不能用于长期保存溶液，用容量瓶配制好的溶液如需长期保存，必须转移到试剂瓶中储存。

3）校正时所用的锥形瓶，必须干净，且瓶外必须干燥。

4）放入天平室中称量容器重量时，要取出干燥剂，待称量结束后，再将其放回天平室中。

第二节 常见实验方法及基本原理

实验一 葡萄糖杂质检查

一、实验目的

（1）通过葡萄糖杂质分析了解药物一般杂质检查的目的和意义。

（2）掌握葡萄糖中一般杂质检查的项目和限量计算方法。

（3）掌握葡萄糖中氯化物、硫酸盐、铁盐、重金属、砷盐及炽灼残渣限度检查的原理和方法。

二、实验原理

（一）氯化物

药物中的微量氯化物在硝酸酸性溶液中与硝酸银作用，生成氯化银胶体微粒而显白色浑浊。同时，用一定量的标准氯化钠溶液在相同条件下与硝酸银反应。比较生成的氯化银浑浊程度，判定供试品中氯化物的量是否符合限量规定。

$$Cl^- + AgNO_3 \longrightarrow AgCl \downarrow （白色）+ NO_3^-$$

（二）硫酸盐

药物中的微量硫酸盐在盐酸溶液中与氯化钡作用生成硫酸钡白色浑浊，与一定量的标准硫酸钾溶液在相同操作条件下生成的浑浊度相比较，以判断供试品中硫酸盐的量是否超过限量。

$$SO_4^{2-} + BaCl_2 \longrightarrow BaSO_4 \downarrow （白色）+ 2Cl^-$$

（三）铁盐

药物中的微量铁盐在盐酸溶液中与硫氰酸盐生成红色可溶性的硫氰酸铁配离子，与一定量标准铁溶液用同法处理后进行比色，以判断供试品中的铁盐是否超过限量。

$$Fe^{3+} + 6SCN^- \longrightarrow [Fe(SCN)_6]^{3-} （红色）$$

（四）重金属

药物中微量重金属离子在 pH 3.5 条件下与硫代乙酰胺的分解产物硫化氢反应，生成黄色至棕黑色的硫化物均匀混悬液，与一定量的标准铅溶液在相同条件下反应生成的有色混悬液比色，以判断供试品中的重金属是否超过限量。

$$CH_3CSNH_2 + H_2O \xrightarrow{pH\,3.5} CH_3CONH_2 + H_2S$$
$$Pb^{2+} + H_2S \longrightarrow PbS \downarrow + 2H^+$$

（五）砷盐检查（古蔡氏法）

金属锌与酸作用产生新生态的氢，新生态的氢与药物中微量砷盐作用生成具挥发性的砷化氢，砷化氢遇溴化汞试纸，产生黄色至棕色的砷斑。利用该原理，将样品溶液与一定量标准砷溶液所生成的砷斑比较，以判断药物中砷盐是否超过限量。三价砷检测原理如下。

$$As^{3+} + 3Zn + 3H^+ \longrightarrow AsH_3 \uparrow + 3Zn^{2+}$$

$$AsO_3^{3-} + 3Zn + 9H^+ \longrightarrow AsH_3 \uparrow + 3Zn^{2+} + 3H_2O$$

$$AsH_3 + 3HgBr_2 \longrightarrow 3HBr + As(HgBr)_3 （黄色）$$

$$2As(HgBr)_3 + AsH_3 \longrightarrow 3AsH(HgBr)_2 （棕色）$$

$$As(HgBr)_3 + AsH_3 \longrightarrow 3HBr + As_2Hg_3 （黑色）$$

五价砷在酸性溶液中也能被金属锌还原为砷化氢，但生成砷化氢的速度较三价砷慢，故在反应液中加入碘化钾及酸性氯化亚锡将五价砷还原为三价砷。反应中碘化钾被氧化生成碘，碘又可被氯化亚锡还原为碘离子。

$$AsO_4^{3-} + 2I^- + 2H^+ \longrightarrow AsO_3^{3-} + I_2 + H_2O$$

$$AsO_4^{3-} + Sn^{2+} + 2H^+ \longrightarrow AsO_3^{3-} + Sn^{4+} + H_2O$$

$$I_2 + Sn^{2+} \longrightarrow 2I^- + Sn^{4+}$$

溶液中的碘离子，可与反应中产生的锌离子生成稳定的配离子，有利于生成砷化氢的反应不断进行。

$$4I^- + Zn^{2+} \longrightarrow [ZnI_4]^{2-}$$

（六）炽灼残渣

有机药物经炽灼炭化后，加硫酸湿润，先低温加热至硫酸蒸气除尽后，再高温（700～800℃）炽灼，使完全灰化，有机物分解挥发，残留的非挥发性无机杂质，称为炽灼残渣（BP 称为硫酸灰分）。称重，判断是否符合限量规定。

炽灼残渣（%）=（残渣及坩埚重−空坩埚重）/（供试品重）×100　　（5-1）

三、实验设备与实验材料

（一）实验设备

分析天平，纳氏比色管，检砷瓶，刻度吸管，干燥箱，恒温水浴箱等。

（二）实验材料

葡萄糖，各检查项下使用的标准试剂（标准氯化钠溶液、标准硫酸钾溶液、标准硫酸铁铵溶液、标准硝酸铅溶液、标准三氧化二砷溶液），以及各种显色试剂等。

四、实验步骤

（一）氯化物

取葡萄糖 0.60g，加水溶解至 25ml（溶液如显碱性，可滴加硝酸使成中性），再加稀硝酸 10ml；溶液如不澄清，应滤过；置 50ml 纳氏比色管中，加水至 40ml，摇匀，即得供试溶液。另取标准氯化钠溶液（10μg/ml）6.0ml，置 50ml 纳氏比色管中，加稀硝酸 10ml，加水至 40ml，摇匀，即得对照溶液。于供试溶液与对照溶液中，分别加入硝酸银试液 1.0ml，用水稀释成 50ml，摇匀，在暗处放置 5min，同置黑色背景上，从比色管上方向下观察、比较，供试溶液不得比对照溶液更浓（0.01%）。

（二）硫酸盐检查

取本品 2.0g，加水溶解至 40ml（如显碱性，可滴加盐酸使遇石蕊试纸显中性反应）；溶液如不澄清，应过滤；置 50ml 纳氏比色管中，加稀盐酸 2ml，摇匀，即得供试溶液。另取标准硫酸钾溶液（100μg/ml）2ml，置 50ml 纳氏比色管中，加水稀释至 40ml，加稀盐酸 2ml，摇匀，即得对照溶液。于供试溶液与对照溶液中，分别加入 25%氯化钡溶液 5ml，加水稀释至 50ml，充分摇匀，放置 10min，同置黑色背景上，从比色管上方向下观察、比较，供试溶液不得比对照溶液更浓（0.01%）。

（三）铁盐检查

取本品 2.0g，置于 50ml 纳氏比色管中，加水 20ml 溶解后，加硝酸 3 滴，缓缓煮沸 5min，放冷，加水稀释至 45ml，加硫氰酸铵溶液（30→100）3ml，摇匀，如显色，与标准硫酸铁铵溶液（10μg/ml）2.0ml，用同一方法制成的对照液比较，不得更深（0.001%）。

（四）重金属检查

取 25ml 纳氏比色管 3 支，甲管加标准硝酸铅溶液（10μg/ml）2.0ml，乙酸盐缓冲液（pH 3.5）2ml，加水稀释至 25ml；乙管取本品 4.0g，加水适量溶解，加乙酸盐缓冲液（pH 3.5）2ml，加水稀释至 25ml；丙管取本品 4.0g，加水适量溶解，加标准硝酸铅溶液（10μg/ml）2.0ml，乙酸盐缓冲液（pH 3.5）2ml，加水稀释至 25ml。各管分别加硫代乙酰胺试液 2ml，摇匀，放置 2min。同置白纸上，自上向下透视，当丙管中显出的颜色不浅于甲管，且乙管中显示的颜色与甲管比较，不得更深，含重金属不得超过 $5 \times 10^{-6} \mu g/ml$。

（五）砷盐检查（古蔡氏法）

取本品 2.0g，置检砷瓶中，加水 5ml 溶解后，加稀硫酸 5ml 与溴化钾溴试液 0.5ml，置水浴上加热约 20min，使保持稍过量的溴存在，必要时，再补加溴化钾溴试液适量，并随时补充蒸发的水分，放冷，加盐酸 5ml 与水适量至 28ml，加碘化钾试液 5ml 及酸性氯化亚锡试液 5 滴，在室温放置 10min 后，加锌粒 2g，迅速将瓶塞塞紧（瓶塞上已安装好装有乙酸铅棉花及溴化汞试纸的检砷管），保持反应温度在 25～40℃（视反应快慢而定，但不应该超过 40℃），45min 后，取出溴化汞试纸，得到样品的砷斑。与标准砷斑比较，颜色不得更深，含砷量不得超过 $1 \times 10^{-6} \mu g/ml$。

标准砷斑的制备：精密吸取标准三氧化二砷溶液（1μg/ml）2ml，置另一检砷瓶中，加盐酸 5ml 及水 21ml，按照上述方法，自"加碘化钾试液 5ml"起依法操作即得。

（六）炽灼残渣

取本品 1.0～2.0g，置已炽灼至恒重的瓷坩埚中，精密称定，缓缓炽灼至完全炭化，放冷至室温，加硫酸 0.5～1.0ml 润湿，低温加热至硫酸蒸气除尽后，在 700～800℃下炽灼使完全灰化，移置干燥器内，放冷至室温，精密称定后，再在 700～800℃下炽灼至恒重，即得。所得炽灼残渣不得超过 0.1%。

五、实验结果

（一）杂质限量计算

$$杂质限量（\%）=\frac{V_{标准}\times C_{标准}}{W_{样}}\times100 \tag{5-2}$$

式中，$V_{标准}$ 为标准溶液体积；$C_{标准}$ 为标准溶液浓度；$W_{样}$ 为样品的取用量。

（二）结果分析

《中国药典》2015 年版规定葡萄糖中氯化物和硫酸盐的杂质限量为 0.01%，铁盐的杂质限量为 0.001%，重金属的杂质限量为 $5\times10^{-6}\mu g/ml$，砷盐的杂质限量为 $1\times10^{-6}\mu g/ml$，炽灼残渣限重为 0.1%。请根据实验现象记录实验，并进行限量计算与原因分析。

六、注意事项

1）限度检查应遵循平行操作原则，即供试管与对照管的实验条件应尽可能一致，包括实验用具的选择、试剂与试液的量取方法、加入顺序及反应时间等。

2）比色、比浊操作，均应使用纳氏比色管。比色方法是在白色背景上，从侧面或自上而下观察；比浊方法是在黑色背景上，从上向下垂直观察。所用比色管，应注意配套，管上刻度若有差异，高低应不超过 2mm。使用过的比色管应及时清洗，可用重铬酸钾洗液浸泡，而不能用毛刷刷洗。

3）砷盐检查时，取用的样品管与标准管应力求一致，管的长短、内径一定要相同，以免生成的色斑大小不同，影响比色。锌粒加入后，应立即将检砷管盖上，塞紧，以免 AsH_3 气体逸出。

4）炽灼残渣时，应注意恒重操作，所使用的坩埚钳、坩埚均应置于干燥器内同等时间，且达到恒重。

七、思考题

（1）杂质来源有哪些？一般杂质检查的主要项目有哪些？

（2）比色、比浊操作应遵循的原则是什么？比浊检查为何先稀释，后加入沉淀试剂？

（3）氯化物的检查在暗处放置 5min 的目的是什么？

（4）铁盐检查为什么要缓慢煮沸 5min？

（5）古蔡氏法检砷所加各个试剂的作用是什么？

（6）炽灼残渣成败的关键是什么？恒重的概念和意义是什么？

实验二　复方乙酰水杨酸片中咖啡因的容量分析法

一、实验目的

（1）了解复方制剂含量测定的特点。

（2）学习使用容量分析法分析复方制剂中药物含量的方法。

（3）熟练掌握剩余碘量法测定复方乙酰水杨酸片中咖啡因的基本原理和操作方法。

二、实验原理

复方乙酰水杨酸片为一复方制剂。所谓复方制剂是指含有两种或两种以上主成分的制剂。在分析复方制剂时，既要考虑赋形剂等附加成分的影响，又要考虑主成分之间的相互影响。复方乙酰水杨酸片中含有三种主成分，如图 5-1 所示，乙酰水杨酸（A）、非那西丁（B）和咖啡因（C）。乙酰水杨酸为芳酸类药物，具酸性，$K_a = 3.27 \times 10^{-4}$，可用酸量法测定；非那西丁为芳酰胺类药物，具酰氨基，呈中性，且其具有潜在芳伯氨基，酸性条件下水解后，可用重氮化法测定；咖啡因为黄嘌呤类生物碱，碱性极弱，$K_a = 0.7 \times 10^{-4}$，不能采用一般生物碱的含量测定方法，但可将其与碘发生定量沉淀以后，剩余的碘用硫代硫酸钠滴定，从而求得咖啡因的含量。

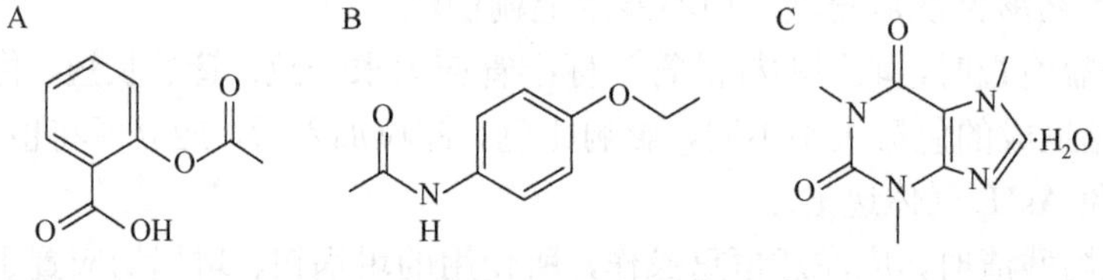

图 5-1　乙酰水杨酸（A）、非那西丁（B）和咖啡因（C）的分子结构式

相关反应方程式如下。

$$C_8H_{10}N_4O_2 \cdot H_2O + 2I_2 + KI + H_2SO_4 \longrightarrow C_8H_{10}N_4O_2 \cdot H_2O \cdot HI \cdot I_4 \downarrow + KHSO_4$$

$$I_2(剩余) + 2Na_2S_2O_3 \longrightarrow 2NaI + Na_2S_4O_6$$

三、实验设备与实验材料

（一）实验设备

分析天平，容量瓶，碱式滴定管，移液管，碘量瓶，漏斗，烧杯，玻璃棒等。

（二）实验材料

复方乙酰水杨酸片，硫代硫酸钠滴定液（0.1mol/L），碘滴定液（0.05mol/L），碘化钾淀粉指示液，稀硫酸，蒸馏水等。

四、实验步骤

复方乙酰水杨酸片的规格：每片含咖啡因应为 31.5～38.5mg。

取本品 20 片，精密称定，计算平均片重（$\bar{w}$），然后在研钵中研成细粉。精密称取复方乙酰水杨酸片细粉适量 $W_{取样}$（约相当于咖啡因 50mg，故 $W_{取样} = \dfrac{50}{35} \times \bar{w}$），加稀硫酸 5ml，振摇数分钟使咖啡因溶解，过滤，滤液置 50ml 容量瓶中。滤器与滤渣用水洗涤 3 次，每次 5ml，合并滤液与洗液。精密加 0.05mol/L 碘滴定液 25ml，用水稀释至刻度，摇匀。在 25℃避光放置 15min，摇匀，过滤，将 5～10ml 初滤液置一洗净并干燥的烧杯内，荡洗烧杯及移液管后，弃去；使用初滤液荡洗后的器具吸取续滤液进行分析，以确保浓度的一致性。精密量取续滤液 25ml 置碘量瓶中，用 0.1mol/L 硫代硫酸钠溶液滴定，至近估算终点时，加淀粉指示液，继续滴定至蓝色消失，记录样品所消耗的硫代硫酸钠滴定液的体积（$V_{样品}$）。取 5ml 稀硫酸作为空白对照，同法进行实验操作并进行滴定分析，得到空白样品所消耗的硫代硫酸钠滴定液的体积（$V_{空白}$），计算每片复方乙酰水杨酸片中所含咖啡因的质量是否符合规定。

五、实验结果

（一）计算样品中咖啡因占标示量的百分含量

1）碘滴定液的滴定度（T）计算公式如下。

$$T = m \times \frac{a}{b} \times M = 0.05 \times \frac{1}{2} \times 212.21 = 5.305\,\text{mg}/\text{ml} \tag{5-3}$$

式中，m 为滴定液的摩尔浓度；a 为被测药物的物质的量；b 为滴定剂的物质的量；M 为被测药物的分子质量。

2）每片样品中咖啡因含量的计算公式如下。

$$咖啡因含量/片 = 2 \times T \times (V_{空白} - V_{样品}) \times \bar{w}/W_{取样} \tag{5-4}$$

式中，T 为滴定度；$\bar{w}$ 为供试品的称取量；$W_{取样}$ 为供试品的取样量；$V_{样品}$ 为样品测定时所消耗滴定液的体积；$V_{空白}$ 为空白实验所消耗滴定液的体积。

注释：

主药成分咖啡因消耗掉的碘滴定液的体积，在数值上等于消耗掉的硫代硫酸钠滴定液的体积。

3）咖啡因占标示量的百分含量，计算公式如下。

$$标示量（\%）=\frac{咖啡因含量 / 片}{标示量}\times100（咖啡因标示量为0.035g/片）\quad（5-5）$$

（二）结果分析

卫生部药品标准（WS1—65（B）—89）规定含咖啡因（$C_8H_{10}N_4O_2·H_2O$）应为标示量的 90.0%～110.0%。请计算每片复方乙酰水杨酸片样品中所含咖啡因占标示量的百分含量，并分析原因。

六、注意事项

1）加稀硫酸溶解咖啡因，但乙酰水杨酸、非那西丁、滑石粉等不溶，故需要搅拌 5～6min 以充分溶解咖啡因，控制咖啡因的溶解程度。

2）定量过滤并转移是本法的关键。

3）标准碘液和咖啡因的反应可置于暗处进行，时间为 15min 左右。

4）滴定指示剂不能过早加入，否则由于碘量太多，遇淀粉形成蓝黑色，碘被包裹，终点不敏锐，导致终点迟到。

5）样品和空白实验应遵循平行原则，即同时加试剂、同时反应、同时过滤等。

七、思考题

（1）在转移续滤液时，为什么要弃去初滤液？

（2）咖啡因能否采用一般含氮碱的方法测定，为什么？

（3）咖啡因含量测定时，为什么要在滴定近终点时才加入淀粉指示液？过早加入会出现什么现象？

（4）如何控制实验误差？

实验三　双波长分光光度法测定复方磺胺甲噁唑片两组分含量

一、实验目的

（1）掌握双波长分光光度法测定复方制剂含量的基本原理。

（2）熟悉用单波长型分光光度计进行双波长法测定。

二、实验原理

（一）双波长分光光度法消除干扰吸收的基本原理

当干扰组分 b 在两个波长 λ_1 和 λ_2 处有等吸收点，而被测组分 a 在两个波长 λ_1

和 λ_2 处吸收系数有显著差异时,可使用双波长分光光度法消除干扰吸收,即直接测定混合物(a + b)在此两波长处的吸光度的差值 $\Delta A_{混}$,该差值与待测物浓度成正比,而与干扰物浓度无关。上述实验原理用数学公式可表达如下。

$$\Delta A_{混} = A_{\lambda_1} - A_{\lambda_2} = (A_{a\lambda_1} + A_{b\lambda_1}) - (A_{a\lambda_2} + A_{b\lambda_2}) \tag{5-6}$$

由于
$$A_{b\lambda_1} = A_{b\lambda_2} \tag{5-7}$$

因此
$$\Delta A_{混} = A_{\lambda_1} - A_{\lambda_2} = A_{a\lambda_1} - A_{a\lambda_2} = E_1 C_a l - E_2 C_a l = \Delta E C_a l \tag{5-8}$$

式中,E_1 为被测组分 a 在波长 λ_1 处的吸收系数;E_2 为被测组分 a 在波长 λ_2 处的吸收系数;ΔE 为被测组分 a 在两个波长 λ_1 和 λ_2 处吸收系数 E_1 和 E_2 之差;C_a 为待测组分 a 的浓度;l 为吸收层厚度。因此 $\Delta A_{混}$ 与待测物 a 浓度成正比,与干扰物 b 浓度无关。

(二)双波长法测定复方制剂中磺胺甲噁唑(SMZ)含量的基本原理

复方磺胺甲噁唑片是含磺胺甲噁唑(SMZ)和甲氧苄啶(TMP)的复方片剂,分子结构式如图 5-2 所示。在 0.1mol/L 氢氧化钠溶液中,SMZ 在 257nm 波长处有最大吸收峰,而 TMP 在 287nm 波长处有最大吸收峰。在 257nm 和 304nm 波长处 TMP 有等吸收点,而 SMZ 在这两波长处的吸光度差异大,所以测定样品在 257nm 和 304nm 波长处的吸光度差值 $\Delta A_{混}$,其值只与 SMZ 浓度相关,而与 TMP 浓度无关。

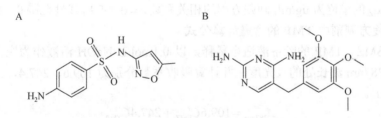

图 5-2 磺胺甲噁唑(A)和甲氧苄啶(B)

(三)复方制剂中甲氧苄啶(TMP)含量测定的基本原理

TMP 在波长 287nm 处有最大吸收,可以先算出 SMZ 的浓度,再利用二元线性回归方程计算 TMP 的含量。

三、实验设备与实验材料

(一)实验设备

分析天平,紫外分光光度计,石英比色皿,容量瓶,移液管,量筒,漏斗等。

（二）实验材料

磺胺甲噁唑标准品，甲氧苄啶标准品，复方磺胺甲噁唑片，氢氧化钠溶液（0.1mol/L），95%乙醇等。

四、实验步骤

（一）工作曲线及回归方程绘制

1. 标准贮备液的配制

精密称取磺胺甲噁唑和甲氧苄啶标准品各 0.1g，分别置于 100ml 容量瓶中，先各自加入 95%乙醇 50ml 振摇使溶解，再使用 0.1mol/L 氢氧化钠溶液稀释至刻度。吸取 25ml 上述溶液于 250ml 容量瓶中，并使用 0.1mol/L 氢氧化钠溶液稀释至刻度，得两标准贮备液的浓度均为 100μg/ml。

2. SMZ 的标准曲线及回归方程绘制

首先取 SMZ 标准贮备液（100μg/ml）3ml、6ml、9ml、12ml、15ml 置于 100ml 容量瓶中，以 0.1mol/L NaOH 溶液稀释至刻度，得到一系列标准供试品。分别测定不同浓度的 SMZ 在 257nm（测定波长）和 304nm（参比波长）处的吸光度差值（$\Delta A_{混}$）。以 $\Delta A_{混}$ 为纵坐标，以浓度 C_{SMZ} 为横坐标，绘制标准曲线，并用最小二乘法回归得回归方程。

$$\Delta A_{混} = 6.467 \times 10^{-2} C_{SMZ} + 0.002 \tag{5-9}$$

式中，C_{SMZ} 的单位为 μg/ml，回归方程的相关系数 $r = 0.9999$，线性范围 0～15μg/ml。

3. 复方制剂中 TMP 的含量计算公式

将 SMZ、TMP 的贮备液适当稀释，以 0.1mol/L NaOH 溶液作为空白，测定两液在 287nm 波长处的吸光度，并计算吸收系数分别为 109.6、247.4，由此可得式（5-10）。

$$A_{287nm} = 109.6 C'_{SMZ} + 247.4 C_{TMP} \tag{5-10}$$

式中，C'_{SMZ}、C'_{TMP} 分别为 A 液中两组分 SMZ 和 TMP 的浓度，单位均为 g/100ml。由于在式（5-9）中，C_{SMZ} 为 B 液中 SMZ 的浓度，故此处用 C'_{SMZ} 表示 A 液中 SMZ 的浓度，以示区分。

（二）复方磺胺甲噁唑片中 SMZ 和 TMP 的含量测定

取本品 20 片，精密称定，计算平均片重（$\bar{w}$），在研钵中研成细粉。精密称取上述细粉适量（相当于 0.071～0.106g SMZ），置于 250ml 容量瓶中。加入 95%乙醇 50ml，振摇 10min 使溶解，以 0.1mo/L NaOH 溶液稀释至刻度。用干燥滤纸过滤，弃去初滤液，取续滤液，并用续滤液荡洗移液管 3 次以保持浓度一致。取

10ml 续滤液于 100ml 容量瓶中，并以 0.1mol/L NaOH 溶液稀释至刻度，得 A 液。精密吸取 A 液 25ml 置于另外一个 100ml 容量瓶中，以 0.1mol/L NaOH 溶液稀释至刻度得溶液 B 液。然后测定 B 液在 257nm 和 304nm 波长处的吸光度差值，并测定 A 液在 287nm 处的吸光度，然后按工作曲线或回归方程计算两组分的含量。

五、实验结果

（一）计算复方磺胺甲噁唑片中 SMZ 和 TMP 占标示量的百分含量

1. 计算 SMZ 和 TMP 的浓度

分别测定 A 液在 287nm 处的吸光度及 B 液在 257nm 和 304nm 波长处的吸光度，按工作曲线或回归方程计算 SMZ 和 TMP 的浓度。

B 液：
$$\Delta A_{混} = A_{257nm} - A_{304nm} = 6.467 \times 10^{-2} C_{SMZ} + 0.002 \tag{5-11}$$

A 液：
$$A_{287nm} = 109.6 C'_{SMZ} + 247.4 C_{TMP} \tag{5-12}$$

式中，C'_{SMZ} 和 C_{SMZ} 的单位需要换算。

2. 计算每片样品中所含 SMZ 和 TMP 的质量

（1）每片样品中含 SMZ 的质量

$$SMZ含量 / 片 = \frac{C_{SMZ} D \bar{w}}{W_{取样}} \tag{5-13}$$

（2）每片样品中含 TMP 的质量

$$TMP含量 / 片 = \frac{C_{TMP} D \bar{w}}{W_{取样}} \tag{5-14}$$

式中，D 为供试溶液的稀释体积。

3. 计算标示量的百分含量

（1）SMZ 占标示量（%）的计算

$$标示量（\%）= \frac{SMZ含量 / 片}{标示量} \times 100 \quad （SMZ 标示量为 0.4g/片）\tag{5-15}$$

（2）TMP 占标示量（%）的计算

$$标示量（\%）= \frac{TMP含量 / 片}{标示量} \times 100 \quad （TMP 标示量为 0.08g/片）\tag{5-16}$$

（二）结果分析

《中国药典》2015 年版规定，本品含磺胺甲噁唑与甲氧苄啶均应为标示量的 90.0%～110.0%。请计算实验结果并分析原因。

六、注意事项

1）复方磺胺甲噁唑片规格为每片含 SMZ 0.4g，TMP 0.08g，即 SMZ 为 TMP

的 5 倍。如果采用同一浓度的浓溶液，则 SMZ 的吸光度大大超过测定值范围（0.3～0.7），致使测定读数不准。如果采用稀溶液，由于 TMP 吸光度太小而使实验误差增大，为此采用浓度不同的 A、B 两种溶液，使 SMZ、TMP 的测定均有合适的测定范围内。

2）为确保片粉在 95%乙醇中溶解完全，需振摇 10min 加以控制，其中滑石粉等不溶物应过滤，否则影响紫外测定。

3）配制好的浓稀溶液应做好标签记号。

4）比色皿需要配对校正使用，要求空白吸光度差值小于±0.001。

5）注意比色皿应该清洁透明，取用时拿毛玻璃面。比色皿用毕应充分洗净保存。

七、思考题

（1）试简述双波长分光光度法的原理，以及如何选择测定波长及参比波长。

（2）能否采用双波长法测定 TMP 含量，为什么？

（3）为什么制备两种不同浓度的溶液，A 液用于测定 TMP，B 液用于测定 SMZ，测定时能否换用溶液？

（4）双波长分光光度法的主要误差来源有哪些？

实验四　旋光法和折光法测定葡萄糖注射液含量

一、实验目的

（1）掌握旋光法和折光法测定葡萄糖注射液含量的基本原理和方法。

（2）熟悉旋光仪和折光仪的操作规范及注意事项。

二、实验原理

（一）旋光法测定葡萄糖注射液含量的基本原理

当偏振光通过具有光学活性的化合物溶液时，使偏振光的平面发生旋转的现象，称为旋光现象。偏振光发生偏转的度数，称为旋光度（α）。在一定波长与温度下，偏振光透过长 1dm 且 1ml 中含有旋光性物质 1g 的溶液时测得的旋光度 α，即为比旋度 $[\alpha]_D^t$。

$$\alpha = [\alpha]_D^t \times C \times L \tag{5-17}$$

式中，D 为钠光谱的 D 线（589.3nm）；t 为测定时的温度；L 为测定管长度（dm）；α 为测得的旋光度；C 为被测物质的浓度（g/ml，按干燥品计算）。

$$C = \frac{100\alpha}{[\alpha]_D^t \times L} \tag{5-18}$$

式中，C 为被测物质的百分浓度（g/100ml，按干燥品计算）。

已知葡萄糖的比旋度 $[\alpha]_D^t = +52.75°$，据式（5-18）可知，被测物质的旋光度与物质浓度成正比，因此通过测定旋光物质溶液的旋光度，即可求出其含量。

（二）折光法测定葡萄糖注射液含量的基本原理

光线自一种透明介质进入另一种透明介质时，由于两种介质的密度不同，光速发生变化，在界面上部分光偏离原来路线而与原来路线产生夹角的现象，称为折射现象。折光率是指光线在空气中的速度与在供试品中的速度之比，用 n_D^t 表示。供试品的折光率与其浓度的关系可表示如下。

$$n_D^t = n_{D水}^t + FC \tag{5-19}$$

式中，n_D^t 为供试液的折光率；$n_{D水}^t$ 为同温度时水的折光率；C 为 100ml 水溶液中含溶质的质量；F 为折光因数，即被测溶液浓度每增加 1%时，其折光率的增长数。

已知 20℃时水的折光率为 $n_{D水}^t = 1.3330$，葡萄糖的折光因数 F 为 0.001 42，故通过测定 20℃时葡萄糖注射液的折光率就可计算供试液中葡萄糖含量。

三、实验设备与实验材料

（一）实验设备

旋光仪，折光计等。

（二）实验材料

5%葡萄糖注射液等。

四、实验步骤

本实验使用市售的葡萄糖注射液（5%）。

（一）旋光法测定葡萄糖的含量

取 1dm 长旋光管，用葡萄糖供试液冲洗数次，缓缓注入供试液适量（注意如有气泡应使气泡在测定管的突起位置，切勿在管路上），加盖密封后，置于旋光仪内进行测定（使偏振光向右旋，以"＋"表示；使偏振光向左旋，以"－"表示）。同法测定蒸馏水的旋光度作为空白校正，读取葡萄糖供试液的旋光度 3 次，取其平均值，测得旋光度 α，代入公式，即得 100ml 供试液中含有 $C_6H_{12}O_6$ 的重量（g），并计算标示量的百分含量。

（二）折光法测定葡萄糖的含量

将折光计置于光线充足的台面上，并与恒温水浴装置连接，使折光计棱镜的温度为（20±1）℃。分开两面棱镜，用擦镜纸将镜面轻轻擦拭干净后，在下面棱镜中央滴蒸馏水1~2滴，闭合棱镜。待蒸馏水与棱镜的温度一致后，转动分界调节螺旋，使标尺读数为1.3330。再旋转调节补偿棱镜的螺旋，消除彩虹，使明暗分界线清晰。若明暗分界线不在十字交叉点上，则用小钥匙轻轻擦转动观察镜筒身小孔内的螺钉，直到明暗交界线恰好移到十字交叉点上，此时折光计的零点调节完毕。再分开两面棱镜，用擦镜纸将镜面轻轻擦拭洁净后，滴加1滴乙醚，待其自然挥干后在下面棱镜中央滴供试液（5%葡萄糖注射液）1~2滴，闭合棱镜。待供试液与棱镜的温度一致时，旋转调节补偿棱镜螺旋，清除彩虹，使明暗分界线清晰。再转动分界调节螺旋，使明暗交界线对准在十字交叉点上，根据标尺刻度记录折光率读数（读数应精确至小数点后4位），转动分界调节螺旋，使明暗交界线由高至低或由低至高对准十字交叉线上。重复观察及记录读数3次，所得读数的平均值即供试品的折光率。根据公式可计算100ml供试液中含有$C_6H_{12}O_6$的重量（g），并计算标示量的百分含量。

五、实验结果

（一）旋光法测定葡萄糖含量

已知$[\alpha]_D^t = +52.75°$，$C_{标示量} = 5.00\%$。

$$无水葡萄糖浓度（C）= \frac{100\alpha}{[\alpha]_D^t \times L} \tag{5-20}$$

$$（C_{供试品}）= C \times \frac{198.7（含水葡萄糖的分子质量）}{180.16（无水葡萄糖的分子质量）} = \frac{100\alpha}{[\alpha]_D^t \times L}$$

含水葡萄糖浓度

$$\times \frac{198.7}{180.16} \tag{5-21}$$

故

$$标示量(\%) = \frac{C_{供试品}}{C_{标示量}} = \frac{100\alpha}{[\alpha]_D^t \times L \times C_{标示量}} \times \frac{198.7}{180.16} \times 100 \tag{5-22}$$

（二）折光法测定葡萄糖含量

已知$n_{D水}^t = 1.3330$，$F = 0.001\ 42$，$C_{标示量} = 5.00\%$，

$$无水葡萄糖浓度（C）= \frac{n_D^t - n_{D水}^t}{F} \tag{5-23}$$

$$（C_{供试品}）= C \times \frac{198.7（含水葡萄糖的分子质量）}{180.16（无水葡萄糖的分子质量）} = \frac{n_D^t - n_{D水}^t}{F}$$

含水葡萄糖浓度

$$\times \frac{198.7}{180.16}$$

（5-24）

故

$$标示量（\%）= \frac{C_{供试品}}{C_{标示量}} = \frac{n_D^t - n_{D水}^t}{F \times C_{标示量}} \times \frac{198.7}{180.16} \times 100 \quad （5-25）$$

（三）结果分析

《中国药典》2015 年版规定，5%葡萄糖注射液中葡萄糖（$C_6H_{12}O_6 \cdot H_2O$）含量应为标示量的 95.0%~105.0%，即 100ml 注射液中含葡萄糖（（$C_6H_{12}O_6 \cdot H_2O$）为4.75~5.25g。请计算实验结果并分析原因。

六、注意事项

（一）旋光法

1）此实验如果需要自配葡萄糖供试液，在葡萄糖固体粉末溶解过程中，需静置 6h，或者加热、加酸、加碱，才可进行旋光度的测定。这是因为葡萄糖具有右旋性，且其在水中有 3 种互变异构体（变旋现象），在旋光法测定葡萄糖含量时，一般可通过加入少量碱液，加速变旋反应，使快速达到平衡。如果为市售葡萄糖注射液，则可直接取样测定。

2）每次测定前用蒸馏水作为空白校正，测定供试品前要润洗旋光管数次并需要测得 3 个数据，取其平均值。

3）加样时，注意缓缓注入样品，如有气泡，应使气泡位于旋光管突起部分，切勿放在管路上，影响测定结果。

4）旋光管两端有光学玻璃片，拧动时注意在桌子上操作，防止玻璃片破碎。另外，测定前可用擦镜纸将玻璃片擦拭干净。

（二）折光法

1）整个测定过程中应注意温度恒定在 20℃。若折光仪没有配备恒温水浴装置，可以使用公式对测定温度下的折光率进行校正。

$$n_D^{20} = n_D^t + (t - 20) \times 0.0001 \quad （5-26）$$

2）测定前，可使用乙醇、水，小心清洁棱镜表面（朝一个方向擦拭，不可来回擦拭）。

3）测定每个样品后，用滤纸把供试液吸干。滴加蒸馏水数滴于镜面，然后用滤纸吸干，反复操作数次即可洗净。检查金属壳里是否有积水，必须倒尽。

4）折光率读数时应精确至小数点后 4 位，并轮流从上下两边将分界线对准在十字交叉点上，重复观察及记录读数 3 次，读数间的差值不应大于 0.0003。

5）注意对棱镜的保护，不要使用坚硬物体接触棱镜。

6）仪器校准后，螺钉位置不可变动。

七、思考题

（1）旋光法是否适用于葡萄糖氯化钠注射中葡萄糖的分析？为什么？

（2）在自配葡萄糖供试液时，为什么要加入氨试液进行旋光法分析？

（3）在使用折光法进行葡萄糖含量测定时，如果无法保证折光仪温度恒定在 20℃，该如何测定葡萄糖含量？

实验五　氯霉素滴眼液的高效液相色谱分析

一、实验目的

（1）了解高效液相色谱进行药物含量分析的基本原理。

（2）熟悉高效液相色谱仪的结构及正确使用方法。

（3）掌握外标法（标准曲线法）测定组分的含量。

二、实验原理

高效液相色谱法是利用高压泵将贮液罐的流动相经进样器送入色谱柱中，待流动相从检测器出口流出，这时整个系统就被流动相充满。当欲分离样品从进样器进入时，流经进样器的流动相将其带入色谱柱中进行分离，分离后不同组分依先后顺序进入检测器，记录仪将进入检测器的信号记录下来，得到液相色谱图。根据柱填料不同，可分为吸附、分配、离子交换、凝胶渗透 4 种高效液相色谱法。

本实验采用 ODS 柱进行反相分配高效液相色谱分析。通过本实验应掌握外标法定量的原理、方法及其优缺点。外标法又称校正法或定量进样法，本法要求能准确定量地进样。首先配制一系列已知浓度的标准液，在同一操作条件下，按实验要求定量注入色谱仪，测量其峰面积（或峰高），绘制峰面积（或峰高）与浓度的标准曲线。然后在相同条件下，注入同量样品溶液，测量待测组分的峰面积（或峰高），根据标准曲线，计算样品中待测组分的浓度。

三、实验设备与实验材料

（一）实验设备

高效液相色谱仪，ODS 分析柱等。

（二）实验材料

甲醇：水（80∶20），氯霉素标准品，氯霉素滴眼液（规格为 5ml∶12.5mg）。

四、实验步骤

（一）标准贮备液的制备

精密称取氯霉素 100mg 至 100ml 容量瓶中，以甲醇溶解，并稀释至刻度，得到 1mg/ml 氯霉素标准贮备液。

（二）外标法测定氯霉素的含量

1. 配制不同浓度标准品溶液

分别吸取氯霉素标准贮备液各 1ml、2ml、3ml、4ml、5ml 置 10ml 容量瓶中，用甲醇稀释至刻度。

2. 配制待测样品溶液

精密吸取氯霉素滴眼液适量（约相当于氯霉素 2.5mg）置 10ml 容量瓶中，用甲醇溶液稀释至刻度，摇匀，作为待测样品。

3. 色谱测试

取梯度浓度的标准品各 10μl 进样，色谱条件如下，记录 5min，得色谱图。以峰面积对浓度作图，得标准曲线。根据标准曲线，可计算得到样品的浓度及标示量的百分含量。其中氯霉素滴眼液高效液相色谱条件如下。

色谱仪	1260 高效液相色谱
色谱柱	ODS 分析柱
柱温	室温
流动相 A∶B	水∶甲醇（20∶80）
流速	1.000ml/min
波长	277nm

五、实验结果

（一）标准曲线的绘制

测定梯度浓度标准品的峰面积，以峰面积对浓度绘制标准曲线 $y = kx + b$。

（二）样品浓度的测定

代入样品的峰面积，即可计算样品的浓度。并计算标示量（%）。

$$标示量（\%）=\frac{C_{供试品}}{C_{标示量}}\times100 \tag{5-27}$$

（三）结果分析

《中国药典》2015 年版规定，本品含氯霉素（$C_{11}H_{12}Cl_2N_2O_5$）应为标示量的 90.0%～120.0%。请计算实验结果并分析原因。

六、注意事项

1）流动相必须预先脱气，可用超声波、机械真空泵或水力抽气泵脱气。

2）严格防止气泡进入系统。吸液软管必须充满流动相，吸液管的不锈钢过滤器必须始终浸在溶剂内。如变换溶剂瓶，必须先停泵，再将过滤器移到新的溶剂瓶内，然后才能开泵使用。

3）溶剂的变换必须注意溶剂的极性和互溶性。当交换的溶剂与原溶剂能互溶时，从一种溶剂变换为另一种溶剂可直接用变换的溶剂彻底冲洗管路系统来实现。当变换的溶剂与原溶剂不能互溶时，必须注意它们的极性，要选择 1 或 2 种与原溶剂及变换溶剂都能互溶的溶剂（过渡溶剂）来冲洗管路系统，然后再用变换的溶剂来冲洗管路系统，才能实现溶剂的变换。

4）工作完毕后，应当用适当溶剂清洗，如用甲醇。当使用腐蚀性较强的溶剂时，尤其是酸性溶剂，或盐的缓冲液，更需注意清洗，以防系统零件被腐蚀损坏或盐析堵塞通道。

七、思考题

（1）简述外标法定量的原理、方法和特点。

（2）由于操作不当，系统中混入了气泡，对测定有何影响？如何排出气泡？

（3）流动相使用前要过滤、超声除气，为什么？

（4）更换溶剂时，使用与原溶剂互不相容的溶剂进行色谱实验，对色谱行为有何影响？如何消除？

实验六　醋酸氢化可的松中其他甾体的 TLC 检查

一、实验目的

（1）了解醋酸氢化可的松中的特殊杂质来源及其检查意义。

（2）掌握薄层色谱法检查特殊杂质的操作方法。

（3）掌握薄层色谱法的基本操作。

二、实验原理

甾体激素类药物多由甾体化合物经结构改造而来，因而可能带来未反应完的原料、中间体、异构体、降解产物、试剂和溶剂等杂质。甾体化合物通常要作"其他甾体"的检查，"其他甾体"是药物中存在的具有甾体结构的其他物质，如合成用的原料、中间体、副产物及降解产物等。由于其他甾体和药物的结构相似，一般采用色谱方法检查，如薄层色谱法、高效液相色谱法等。例如，醋酸氢化可的松中其他甾体的检查可采用薄层色谱方法。

在醋酸氢化可的松的化学结构中，由于 C_{17} 位的 α-醇酮基（—CO—CH₂OH）具有还原性，在强碱性溶液中能将四氮唑定量地还原为有色甲瓒，生成的颜色随所用的试剂和条件而不同，多为红色或蓝色。氢化可的松中其他甾体的检查采用高低浓度对照法即主成分自身对照法。

三、实验设备与实验材料

（一）实验设备

烘箱，展开缸，玻璃板，涂布器，点样器等。

（二）实验材料

硅胶 G，羧甲基纤维素钠，醋酸氢化可的松，氯仿-甲醇（9∶1），1,2-二氯乙烷-甲醇-水（95∶5∶0.3），四氮唑蓝显色剂等。

四、实验步骤

（一）薄层板的制备

取 4g 薄层用硅胶 G，按 1∶3（m/V）比例加 0.5%的羧甲基纤维素钠的上清液，在研钵中按同一方向研磨混合，去除表面的气泡后，倒入涂布器中。在玻璃板上平稳地移动涂布器进行涂布（厚度为 0.2~0.3mm）。取下涂好薄层的玻璃板，置水平台上，于室温下晾干。晾干后，110℃活化 30min，并置于有干燥剂的干燥箱中备用，使用前检查其均匀度（可通过透射光和反射光检视）。

（二）醋酸氢化可的松中其他甾体的 TLC 检查

取本品，加氯仿-甲醇（9∶1）制成 1ml 中含 3.0mg 的溶液，作为供试品溶液；精密量取供试品适量，加氯仿-甲醇（9∶1）稀释成 1ml 中含 60μg 的溶液，作为对照溶液。照薄层色谱法（《中国药典》2015 年版第四部通则 0502）实验，吸取上述两种溶液各 10μl，分别点于同一硅胶 G 薄层板上，以 1,2-二氯乙烷-甲醇-水（95∶5∶0.3）为展开剂，展开后，晾干。在105℃干燥10min，放冷，喷以碱性四氮唑蓝试液，立即检视。供试品溶液如显杂质斑点，其颜色与对照溶液的主斑点比较，不得更深。

五、实验结果

详细记录实验过程，并将层析色谱结果记录于实验报告上。供试品溶液如显杂质斑点，不得多于3个，其颜色与对照溶液的主斑点比较，不得更深。醋酸氢化可的松中其他甾体的杂质限量为2%，对于不符合实验预期结果的数据，请予以分析。

六、注意事项

1）点样采用点样器进行，在距薄层板底边2.5cm处开始点样，应少量多次点于同一原点处，原点面积应尽量小。

2）采用倾斜上行法展开，展开剂应浸入薄层板底边1cm深度。展开过程中，层析缸应密封良好，否则展开剂易挥发，使R_f值增大。展开距离一般为10～15cm。

3）碱性四氮唑蓝试液应临用新配（取0.2%的四氮唑蓝的甲醇溶液10ml与12%氢氧化钠的甲醇溶液30ml，临用时混合，即得），新鲜试剂应呈黄色，颜色变深者不宜使用。

4）显色后，应立即检视斑点，并用针头定位，以便记录图谱。

七、思考题

（1）什么是"其他甾体"？为什么要对其进行检查？

（2）甾体激素结构中的何种基团可与四氮唑蓝产生反应？

（3）什么是边缘效应？如何减少和防止边缘效应？

实验七　气相色谱法测定风油精中薄荷脑的含量

一、实验目的

（1）熟悉气相色谱仪的原理及使用方法。

（2）掌握气相色谱仪外标法定量的原理。

二、实验原理

风油精为家庭常备保健药品，由薄荷脑、水杨酸甲酯、樟脑、桉油、丁香酚等挥发性成分构成，具有独特的植物芳香气味。风油精处方见表 5-1。本实验采用气相色谱（GC）法测定风油精中薄荷脑的含量。根据同一物质在同一色谱柱上保留时间相同的原理，以薄荷脑为对照，从而确定样品液中薄荷脑峰的位置，再采用外标法测定风油精中薄荷脑含量。

表 5-1　风油精处方

成分	质量/g
薄荷脑	320
水杨酸甲酯	260
樟脑	30
桉油	30
丁香酚	30
液体石蜡	补至 1000

外标法：用待测组分的标准物质配成不同浓度的标准溶液。取固定量的标准溶液进行分析，测得色谱峰的峰面积或峰高，然后以峰面积或峰高为纵坐标，浓度为横坐标，绘制标准曲线。按照制备标准曲线时的进样量取待测样品进行分析，测得峰面积或峰高，然后根据标准曲线计算该样品的含量。

三、实验设备与实验材料

（一）实验设备

气相色谱仪，HP-5 柱子，氢气发生器，高纯氮气，1μl 自动进样器等。

（二）实验材料

乙酸乙酯，风油精样品，薄荷脑标准品（国家药品标准物质）等。

四、实验步骤

1. 标准溶液的配制

精密称取薄荷脑标准品 12mg，置 1ml 容量瓶中，用乙酸乙酯溶解并稀释至刻度，得 12mg/ml 贮备液。分别取上述贮备液 0.05ml、0.1ml、0.2ml、0.3ml、0.4ml、0.5ml 置 1ml 容量瓶中，用乙酸乙酯稀释至刻度，摇匀，作为工作溶液（6 个浓度分别为 0.6mg/ml、1.2mg/ml、2.4mg/ml、3.6mg/ml、4.8mg/ml、6.0mg/ml）。

2. 样品溶液的配制

取风油精样品约 50mg，置 5ml 容量瓶中，加乙酸乙酯溶解，并稀释至刻度，摇匀，作为待测样品。

3. 气相色谱条件

进样口温度 250℃，柱温 130℃，检测器温度 250℃，载气流速 2ml/min，氢气 35ml/min，空气 450ml/min，FID 检测器，进样量 1μl。

4. 样品测定

在同一色谱条件下，取梯度浓度的标准溶液各 1μl 进样，记录 40min，得色谱图。以峰面积对浓度作图，得标准曲线。同样条件下，取样品溶液 1μl 进样，记录 40min，测得峰面积，根据标准曲线，可计算得到样品的浓度，以及风油精中薄荷脑的含量。

五、实验结果

1. 标准曲线的绘制

测定梯度浓度标准品的峰面积，以峰面积对浓度绘制标准曲线 $y = kx + b$。

2. 样品浓度的测定

代入样品的峰面积，即可计算样品的浓度，并计算薄荷脑标示量（%）。

$$标示量（\%）= \frac{C_{供试品}}{C_{标示量}} \times 100$$

3. 结果分析

卫生部药品标准（WS3—B—1708—94）规定风油精含薄荷脑应为标示量的 90.0%～110.0%。请计算样品中薄荷脑的含量占标示量的百分含量，并分析结果。

六、注意事项

1）实验中严格控制进样量（外标法定量，进样量一定要准确）。

2）进样时从低浓度到高浓度依次进行取样。

3）每次进样前要等仪器工作站上出现绿色"Ready"并且基线平稳。

七、思考题

（1）气相色谱中，为什么要先开载气，再加柱温；实验结束时，要先降温，再关闭载气？

（2）若实验过程中，载气流量稍有变化，对定量结果有何影响？

第六章　综合性、设计性实验

第一节　综合性实验

实验一　诺氟沙星的合成

一、实验目的

（1）通过对诺氟沙星合成路线的比较，了解实际生产过程中，选择工艺路线的基本要求和注意事项。

（2）通过实际操作，掌握各类反应特点、机制、操作要求、反应终点的控制等，进一步巩固有机化学实验的基本操作，并提高对理论知识的理解和掌握。

（3）掌握各部中间体的质量控制方法。

二、实验原理

诺氟沙星（氟哌酸）的化学名为 1-乙基-6-氟-1, 4-二氢-4-氧-7-（1-哌嗪基）-3-喹啉羧酸 [1-ethyl-6-fluoro-1, 4-dihydro-4-oxo-7-（1-piperazinyl）-3-quino-linecar-boxylic acid]。化学结构式见图 6-1。

诺氟沙星为微黄色针状晶体或结晶性粉末，熔点（mp）216～220℃，易溶于酸和碱，微溶于水。

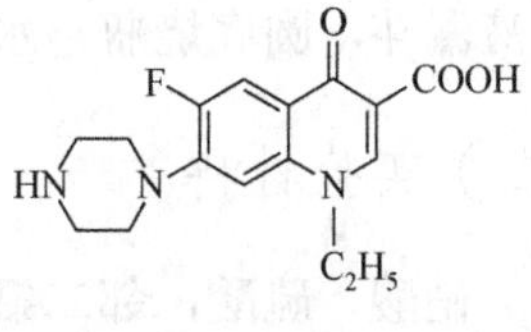

诺氟沙星的制备方法很多，按不同原料及路线划分可有十几种。我国工业生产诺氟沙星以路线一为主（图 6-2）。近几年来，许多新工艺在诺氟沙星生产中获得应用，其中以路线二，即硼螯合物法收率高，操作简便，单耗低，且质量较好，合成路线如图 6-3 所示。

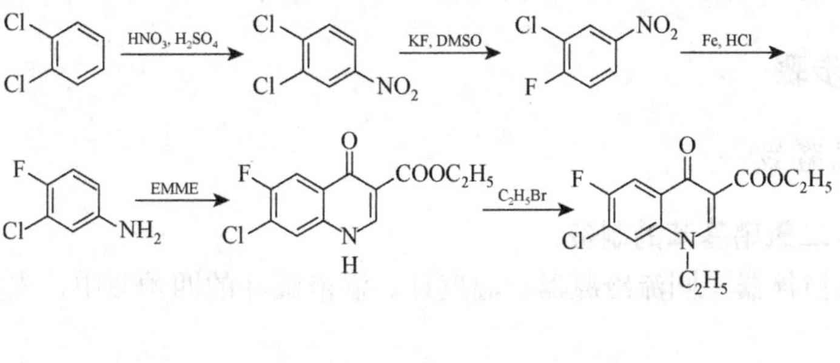

图 6-1　诺氟沙星的化学结构式

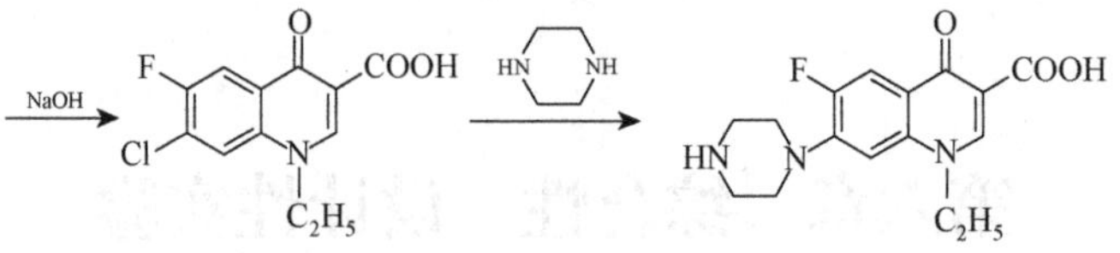

图 6-2　诺氟沙星的合成路线一

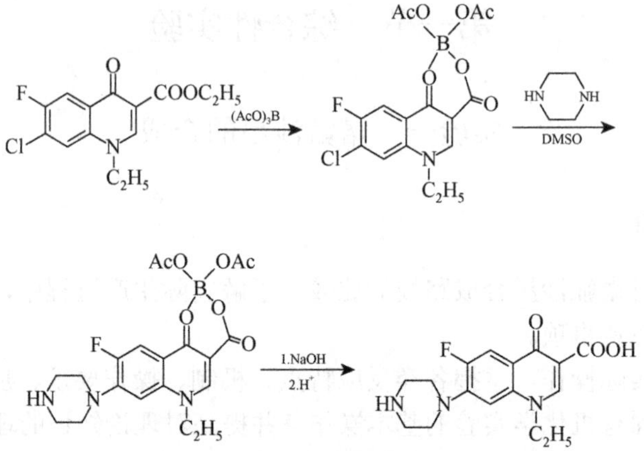

图 6-3　诺氟沙星的合成路线二

三、实验设备与实验材料

（一）实验设备

搅拌器，回流冷凝器，温度计，滴液漏斗，四颈瓶，三颈瓶，氯化钙干燥管，分液漏斗，圆底烧瓶，水泵，油泵等。

（二）实验材料

硝酸，硫酸，邻二氯苯，无水二甲基亚砜，无水氟化钾，硅铁粉，氯化钠，浓盐酸，原甲酸三乙酯，ZnCl$_2$，乙酸酐，液体石蜡，甲苯，丙酮，无水碳酸钾，二甲基甲酰胺（DMF），溴乙烷，乙醇，氢氧化钠，浓盐酸，活性炭，无水哌嗪，吡啶，冰醋酸，硼酸，二甲基亚砜（DMSO），乙酸等。

四、实验步骤

（一）合成路线一

1. 3,4-二氯硝基苯的制备

在装有搅拌器、回流冷凝器、温度计、滴液漏斗的四颈瓶中，先加入 51g 硝

酸，水浴冷却下再滴加 79g 硫酸，控制滴加速度（每分钟不超过 20 滴），滴加过程中温度保持在 50℃以下。滴加完毕，换滴液漏斗，将温度控制在 40～50℃，滴加 35g 邻二氯苯，40min 内滴完。升温至 60℃，反应 2h，静置分层，取上层油状液体倾入 5 倍量水中，搅拌，固化，放置 30min。过滤，水洗至 pH 6～7，真空干燥，称重，计算收率。

（1）注意事项

1）本反应是用混酸硝化。硫酸可以防止副反应的进行，并可以增加硝基化产物的溶解度；硝酸生成 NO_2^+，是硝化剂。

2）此硝化反应需达到 40℃才能反应，低于此温度，滴加混酸会导致大量混酸聚集。一旦反应引发，聚集的混酸会使反应温度急剧升高，生成许多副产物。因此滴加混酸时应调节滴加速度，控制反应温度在 40～50℃。

3）上述方法所得的产品纯度已经足够用于下步反应。如要得到较纯的产品，可以采用水蒸气蒸馏或减压蒸馏的方法。

4）3,4-二氯硝基苯的熔点为 39～41℃，不能用红外灯或烘箱干燥。

（2）思考题

1）硝化试剂有许多种，请举出其中几种并说明其各自的特点。

2）配制混酸时能否将浓硝酸加到浓硫酸中？为什么？

3）如何检查反应是否已进行完全？

2. 4-氟-3-氯-硝基苯的制备

在装有搅拌器、回流冷凝器、温度计、氯化钙干燥管的四颈瓶中，加入第一步制得的 3,4-二氯硝基苯 40g、无水二甲基亚砜 73g、无水氟化钾 23g，升温到回流温度 194～198℃，在此温度下快速搅拌 1～1.5h，冷却至 50℃左右，加入 75ml 水，充分搅拌，倒入分液漏斗中，静置分层，分出下层油状物。安装水蒸气蒸馏装置，进行水蒸气蒸馏，得淡黄色固体。过滤，水洗至中性，真空干燥，得 4-氟-3-氯-硝基苯。

（1）注意事项

1）该步氟化反应为绝对无水反应，一切仪器及药品必须绝对无水，微量水会导致收率大幅下降。

2）为保证反应液的无水状态，可在刚回流时蒸出少量二甲基亚砜，将反应液中的微量水分带出。

3）进行水蒸气蒸馏时，少量冷凝水就已足够，大量冷凝水会导致 4-氟-3-氯-硝基苯固化，堵塞冷凝管。

（2）思考题

1）请指出提高此步反应收率的关键是什么？

2）如果延长反应时间会得到什么样的结果？

3）水溶液中的二甲基亚砜如何回收？

3. 4-氟-3-氯-苯胺的制备

在装有搅拌器、回流冷凝器、温度计的三颈瓶中投入硅铁粉51.5g、水173ml、氯化钠4.3g、浓盐酸2ml，搅拌下于100℃活化10min。降温至85℃，在快速搅拌下，先加入第二步制得的4-氟-3-氯-硝基苯15g。温度自然升至95℃，10min后再加入4-氟-3-氯-硝基苯15g，于95℃反应2h。然后将反应液进行水蒸气蒸馏，馏出液中加入冰，使产品固化完全，过滤，于30℃下干燥，得4-氟-3-氯-苯胺（熔点44～47℃）。

（1）注意事项

1）胺的制备通常是在盐酸或乙酸存在下用硅铁粉还原硝基化合物而制得。该法原料便宜，操作简便，收率稳定，适于工业生产。

2）硅铁粉由于表面上有氧化铁膜，需经活化才能反应，硅铁粉粗细一般以60目为宜。

3）由于硅铁粉密度较大，搅拌速度慢则不能将硅铁粉搅匀，会在烧瓶下部结块，影响收率，因此该反应应剧烈搅拌。

4）水蒸气蒸馏应控制冷凝水的流速，防止4-氟-3-氯-苯胺固化，堵塞冷凝管。

5）4-氟-3-氯-苯胺的熔点低（44～47℃），故应低温干燥。

（2）思考题

1）此反应用的铁粉为硅铁粉，含有部分硅，如用纯铁粉效果如何？

2）试举出其他还原硝基化合物成胺的还原剂，并简述各自特点。

3）对于这步反应，如何检测其反应终点？

4）反应中为何分步投料？

5）除水蒸气蒸馏以外，请设计其他后处理方法，并简述其各自优缺点。

4. 乙氧基亚甲基丙二酸二乙酯（EMME）的制备

在装有搅拌器、温度计、滴液漏斗、蒸馏装置的四颈瓶中，加入原甲酸三乙酯78g、$ZnCl_2$ 0.1g，搅拌，加热，升温至120℃，蒸出乙醇，降温至70℃，于70～80℃滴加第二批原甲酸三乙酯20g及乙酸酐6g（先后加入），于0.5h内滴完，然后升温到152～156℃，保温反应2h。冷却至室温，将反应液倾入圆底烧瓶中，水泵减压回收原甲酸三乙酯（沸点140℃，70℃/5333Pa）。冷至室温，换油泵进行减压蒸馏，收集120～140℃/666.6Pa的馏分，得乙氧基亚甲基丙二酸二乙酯（EMME）。

（1）注意事项

1）本反应是一个缩合反应，$ZnCl_2$是路易斯酸，作为催化剂。

2）减压蒸馏所需真空度要达到666.6Pa以上，才可进行蒸馏操作。如果真空度小，蒸馏温度高，会导致收率下降。

3）减压回收原甲酸三乙酯时也可进行常压蒸馏，收集 140～150℃的沸点馏分。蒸出的原甲酸三乙酯可以套用。

（2）思考题

1）减压蒸馏的注意事项有哪些？不按操作规程做的后果是什么？

2）本反应所用的路易酸酸除 $ZnCl_2$ 外，还有哪些可以替代？

5. 7-氯-6-氟-1, 4-二氢-4-氧代喹啉-3-羧酸乙酯（环合物）的制备

在装有搅拌器、回流冷凝器、温度计的三颈瓶中分别投入第三步制得的 4-氟-3-氯-苯胺 15g、第四步制得的 EMME 24g，快速搅拌下加热到 120℃，于 120～130℃反应 2h。放冷至室温，将回流装置改成蒸馏装置，加入液体石蜡 80ml，加热到 260～270℃，有大量乙醇生成。回收乙醇并反应 30min 后，冷却到 60℃以下，过滤。滤饼分别用甲苯、丙酮洗至灰白色，干燥，测熔点，熔点 297～298℃，计算收率。

（1）注意事项

1）本反应为无水反应，所有仪器应干燥，严格按无水反应操作进行，否则会导致 EMME 分解。

2）环合反应温度控制在 260～270℃，为避免温度超过 270℃，可在将要达到 270℃时缓慢加热。反应开始后，反应液变黏稠，为避免局部过热，应快速搅拌。

3）该环合反应是典型的 Could-Jacobs 反应，考虑苯环上取代基的定位效应及空间效应，3-位氯的对位远比邻位活泼，但也不能忽略邻位的取代。反应条件控制不当，便会按图 6-4 反应形成反环物。

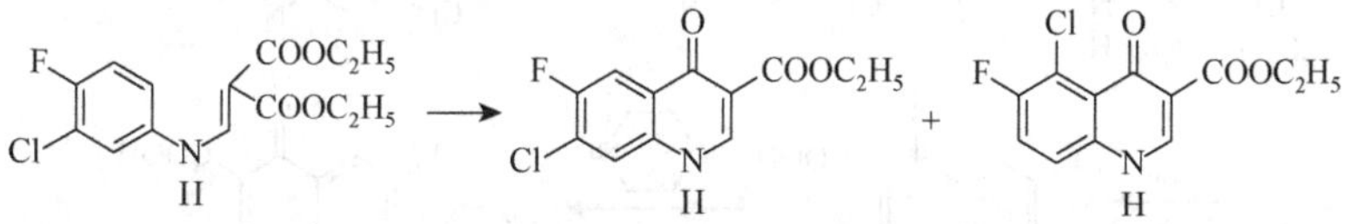

图 6-4　反环物的生成

4）为减少反环物的生成，应注意以下几点。

A. 反应温度低，有利于反环物的生成。因此，反应温度应快速达到 260℃，且保持在 260～270℃。

B. 加大溶剂用量可以降低反环物的生成。从经济的角度来讲，采用溶剂与反应物用量比为 3：1 时比较合适。

C. 用二甲苯或二苯砜为溶剂时，会减少反环物的生成，但价格昂贵。也可用廉价的工业柴油代替液体石蜡。

（2）思考题

1）请写出 Could-Jacobs 反应历程，并讨论何种反应条件有利于提高反应收率。

2）本反应为高温反应，试举出几种高温浴装置，并写出安全注意事项。

6. 1-乙基-7-氯-6-氟-1, 4-二氢-4-氧代喹啉-3-羧酸乙酯（乙基物）的制备

在装有搅拌器、回流冷凝器、温度计、滴液漏斗的 250ml 四颈瓶中，加入第五步制得的环合物 25g、无水碳酸钾 30.8g、DMF 125g，搅拌，加热到 70℃。于 70~80℃，在 40~60min 内滴加溴乙烷（BrEt）25g。滴加完毕，升温至 100~110℃，保温反应 6~8h。反应完毕，减压回收 70%~80%（回收率）的 DMF。降温至 50℃左右，加入 200ml 水，析出固体。过滤，水洗，干燥，得粗品，用乙醇重结晶。

（1）注意事项

1）反应中所用 DMF 要预先进行干燥，少量水分对收率有很大影响，所用无水碳酸钾需炒过。

2）溴乙烷沸点低，易挥发。为避免损失，可将滴液漏斗的滴管加长，插到液面以下，同时注意反应装置的密闭性。

3）反应液加水的目的是降低反应体系的温度（降至 50℃左右），温度太高导致酯键水解，过低会使产物结块，不易处理。

4）环合物在溶液中酮式与烯醇式有一个平衡，反应后可得到少量乙基化合物。该化合物随主产物一起进入后续反应，使生成 6-氟-1, 4-二氢-4-氧代 7-（1-哌嗪基）喹啉（简称脱羧物），成为诺氟沙星中的主要杂质。不同的乙基化试剂，O-乙基产物生成量不一样，采用 BrEt 时较低（图 6-5）。

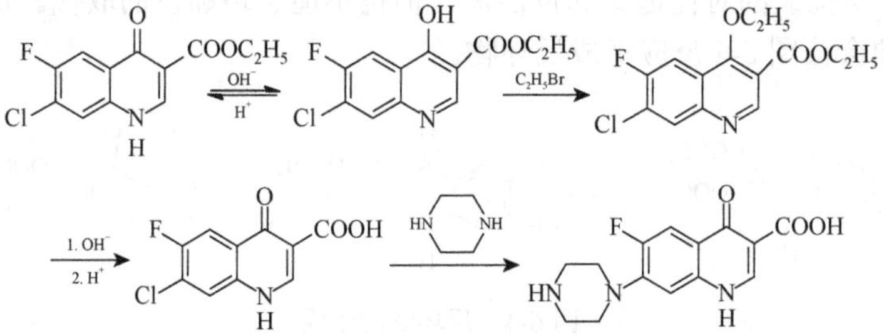

图 6-5　采用 BrEt 为乙基化试剂的反应

5）滤饼洗涤时要将颗粒碾细，同时用大量水冲洗，否则会有少量 K_2CO_3 残留。

6）乙醇重结晶操作过程：取粗品，加入 4 倍量的乙醇，加热至沸，溶解。稍冷，加入活性炭，回流 10min，趁热过滤，滤液冷却至 10℃结晶析出。过滤，洗涤，干燥，得精品，测熔点（144~145℃）。母液中尚有部分产品，可以浓缩一半体积后，冷却，析晶，所得产品也可用于下步投料。

（2）思考题

1）对于该反应，请找出其他的乙基化试剂，并略述其优缺点。

2）该反应的副产物是什么？简述减少副产物的方法。

3）采用何种方法可使溴乙烷得到充分合理的利用？

4）如减压回收 DMF 后不降温，加水稀释，对反应有何影响？

7. 1-乙基-7-氯-6-氟-1, 4-二氢-4-氧代喹啉-3-羧酸（水解物）的制备

在装有搅拌器、冷凝器、温度计的三颈瓶中，加入第六步制得的乙基物 20g 及定量碱液（由氢氧化钠 5.5g 和蒸馏水 75ml 配成），加热至 95～100℃，保温反应 10min。冷却至 50℃，加入水 125ml 稀释，浓盐酸调 pH 至 6，冷却至 20℃，过滤，水洗，干燥，测熔点（若熔点低于 270℃，需进行重结晶），计算收率。

（1）注意事项

1）由于反应物不溶于碱，而产物溶于碱，反应完全后，反应液澄清。

2）在调 pH 之前应先粗略计算盐酸用量，快到反应终点时，将盐酸稀释，以防加入过量的酸。

3）重结晶的方法：取粗品，加入 5 倍量上步回收的 DMF，加热溶解，加入活性炭。再加热，过滤，除去活性炭。冷却，结晶，过滤，洗涤，干燥，得精品。

（2）思考题

1）水解反应的副产物有几种？带入下一步会有何后果？

2）浓盐酸调 pH 快到 6 时，溶液会有何变化？为什么？

8. 诺氟沙星的制备

在装有搅拌器、回流冷凝器、温度计的 150ml 三颈瓶中，投入第七步制得的水解物 10g、无水哌嗪 13g、吡啶 65g，回流反应 6h。冷却到 10℃，析出固体，抽滤，干燥，称重，测熔点（215～218℃）。

将上述粗品用 100ml 水溶解，用冰醋酸调 pH 至 7，抽滤，得精品。干燥，称重，测熔点（216～220℃），计算收率和总收率。

（1）注意事项

1）本反应为氮烃化反应，注意温度与时间对反应的影响。

2）反应物的 6 位氟也可与 7 位氯竞争性地参与反应，会有氯哌酸副产物生成，最多可达 25%。

（2）思考题

1）本反应中吡啶有哪些作用？请指出本反应的优缺点。

2）用水重结晶主要分离什么杂质？设计出几种其他的精制方法，并与本法进行比较。

3）通过本实验编制一份工艺操作规程及工艺流程，并对本工艺路线进行评价。

4）分别做一张本品的红外光谱及一张核磁共振氢谱，并进行解析。

（二）合成路线二

1. 硼螯合物的制备

在装有搅拌器、冷凝器、温度计、滴液漏斗的 250ml 四颈瓶中，加入氯化锌

1g、硼酸 3.3g 及少量乙酸酐（乙酸酐总计用量为 17g），搅拌，加热至 79℃，反应引发后，停止加热，自动升温至 120℃。滴加剩余乙酸酐，加完后回流 1h，冷却。加入路线一中第六步制得的乙基物 10g，回流 2.5h，冷却到室温，加水，过滤，用少量冰乙醇洗至灰白色，干燥，测熔点（275℃）。

（1）注意事项

1）硼酸与乙酸酐反应生成硼酸三乙酰酯，此反应到达 79℃临界点时才开始反应，并释放出大量热，温度急剧升高。如果量大，则有冲料的危险，建议采用 250ml 以上的反应瓶，并缓慢加热。

2）由于螯合物在乙醇中有一定溶解度，为避免产品损失，最后洗涤时，可先用冰水洗涤，温度降下来后，再用冰乙醇洗涤。

（2）思考题

1）搅拌快慢对该反应有何影响？

2）加入乙基物后，反应体系中主要有哪几种物质？

2. 诺氟沙星的制备

在装有搅拌器、回流冷凝器、温度计的三颈瓶中，加入上步制得的螯合物 10g、无水哌嗪 8g、DMSO 30g，于 110℃反应 3h，冷却至 90℃，加入 10% NaOH 20ml，回流 2h，冷至室温。加 50ml 水稀释，用乙酸调 pH 至 7.2，过滤，水洗，得粗品。在 250ml 烧杯中加入粗品及 100ml 水，加热溶解后，冷却，用乙酸调 pH 至 7，析出固体，抽滤，水洗，干燥，得诺氟沙星，测熔点（216～220℃）。

（1）注意事项

1）硼螯合物可以利用 4 位羰基氧的 p 电子向硼原子轨道转移的特性，增强诱导效应，激活 7-Cl，钝化 6-F，从而选择性地提高哌嗪化收率，能彻底防止诺氟沙星的生成。

2）由于诺氟沙星溶于碱，如反应液在加入 NaOH 回流后澄清，表示反应已进行完全。

3）过滤粗品时，要将滤饼中的乙酸盐洗净，防止带入精制过程，影响产品的质量。

（2）思考题

1）试从收率、操作难易程度、单耗等方面比较两种合成方法。

2）从该反应的特点出发，选择几种可以替代 DMSO 的溶剂或溶剂系统。

实验二　金银花绿原酸的提取、含量测定及抗菌活性检测

一、实验目的

（1）理解有机溶剂萃取法提取中药药物活性物质的一般原理。

（2）掌握金银花绿原酸提取及含量测定的原理。

（3）掌握绿原酸抑菌活性检测的一般方法。

二、实验原理

金银花，又称双花，忍冬科忍冬属。金银花具有抑菌、抗炎、抗病毒、抗肿瘤、抗过敏、增加白细胞含量、清除自由基等多种药理功能，广泛用于发热、发疹及咽喉肿痛等病症，发挥清热解毒抗菌消炎的作用，疗效显著。金银花中的主要抗菌药物活性物质为绿原酸和异绿原酸，是金银花中药理活性最强的成分之一，也是金银花的主要特征成分和有效成分。金银花中绿原酸的提取方法主要包括稀醇法、水浸醇沉法、水提法、热回流法、超声波法及微波法等。绿原酸的最大吸收波长为 326nm，可利用紫外分光光度计在此波长下检测其含量。

绿原酸是一种由咖啡酸和奎尼酸缩合而成的缩酚酸，是一种有机弱酸，易溶于水、乙醇及丙酮等溶剂。在低酸度溶液中其电离过程被抑制，主要以分子形式存在，因此可用乙酸乙酯等有机溶剂进行萃取。绿原酸分子结构中存在酯键、不饱和双键及多元酚等不稳定基团，因此提取时应避免高温、强光及长时间加热。

本实验利用乙酸乙酯与稀盐酸混合溶液来提取金银花中的绿原酸，其中水是绿原酸的溶出剂，盐酸是电离抑制剂，促使其在溶液中保持非电离的分子状态；而乙酸乙酯则是萃取溶剂。

金黄色葡萄球菌和大肠杆菌分别是革兰氏阳性菌和革兰氏阴性菌的典型代表，本实验利用以上两种常见细菌作为指示菌，采用"牛津杯法"，通过抑菌圈直径大小来判断金银花绿原酸提取物的抗菌活性。

三、实验设备与实验材料

（一）实验设备

电子天平，紫外-可见分光光度计，旋转蒸发仪，比色皿，布氏漏斗，锥形瓶，量筒，容量瓶，牛津杯，移液器，毫米尺，培养皿等。

（二）实验材料

乙酸乙酯，0.05mol/L 盐酸溶液，甲醇，绿原酸标准品，金黄色葡萄球菌，大肠杆菌等。

LB 培养基（1L）：胰蛋白胨 10g，酵母提取物 5g，NaCl 10g（固体培养基，需加入 15g 琼脂）。

四、实验步骤

（一）绿原酸提取

称取 5g 金银花，用研钵研成粉末，加入 40ml 乙酸乙酯和 10ml 0.05mol/L 盐酸溶液，在 65℃超声提取 40min，重复提取 2 次（第二次提取时，乙酸乙酯和稀盐酸体积用量减半）。真空抽滤，合并滤液。在分液漏斗中静置分层后，分离出乙酸乙酯层，并用等体积的蒸馏水洗涤 2 次。重新利用分液漏斗分离乙酸乙酯萃取液后，利用旋转蒸发仪减压回收溶剂浓缩得到膏状物，用蒸馏水溶解膏状物，真空抽滤除杂，收集滤液，并测量体积。

（二）标准曲线绘制及样品浓度检测

称取 50mg 绿原酸标准品，用甲醇溶解，在 100ml 容量瓶中定容，经过稀释得到一系列梯度浓度的绿原酸标准溶液，以甲醇作参比液，利用紫外-可见分光光度计，在 326nm 下测定溶液的吸光度，以绿原酸浓度（mg/ml）为横坐标、吸光度 A 为纵坐标，绘制标准曲线。测定样品在 326nm 处的吸光度，代入标准曲线方程中，计算提取物中绿原酸的浓度。

（三）金银花绿原酸提取物抑菌活性检测

于实验前一天晚上将金黄色葡萄球菌和大肠杆菌接入含 15ml LB 液体培养基的 150ml 锥形瓶中，在摇床中 37℃、180r/min 过夜活化。配制两份 100ml 的 LB 固体培养基，装入 2 个 250ml 锥形瓶中湿热灭菌。灭菌结束后，待 LB 培养基的温度降至 45~55℃时（稍微有点烫手的感觉），在超净工作台中分别在两个锥形瓶中接入 50μl 活化后的金黄色葡糖球菌或大肠杆菌菌液，摇匀。在直径 9cm 的培养皿中对称放置 2~3 个内孔直径为 5mm 的牛津杯，然后加入上述固体培养基约 25ml。凝固后，用镊子将牛津杯取出，每个孔中加入 50μl 的绿原酸标准品溶液或金银花绿原酸提取物。将培养皿正面朝上放置在培养箱中，37℃过夜培养后，测量抑菌圈直径。

五、实验结果

（一）标准曲线的绘制

以绿原酸浓度（mg/ml）为横坐标、吸光度为纵坐标，绘制标准曲线 $y = kx + b$。

（二）金银花中绿原酸提取率的计算

$$\rho = \frac{C \times V \times N}{M} \times 100\% \tag{6-1}$$

式中，ρ 为提取率；C 为样品绿原酸浓度（mg/ml）；V 为样品总体积（ml）；M 为金银花质量（mg）；N 为样品的稀释率。

（三）抑菌活性检测

分别测量并记录绿原酸标准品或金银花绿原酸提取物对金黄色葡萄球菌和大

肠杆菌的抑菌圈直径。比较标准品与提取物对金黄色葡萄球菌或大肠杆菌的抑菌圈直径大小。比较绿原酸分别对金黄色葡萄球菌和大肠杆菌的抑菌活性。

六、注意事项

1）乙酸乙酯体积分数太高时，水分过少不利于金银花溶胀和绿原酸浸出，提取效率减小；稀盐酸溶液体积分数过高时，则浸出的其他杂质成分增加。乙酸乙酯体积分数为 0.8 左右时，较适宜。

2）温度对于绿原酸提取也具有较大影响，提取温度太低时，不利于绿原酸的溶出，温度过高时，会导致绿原酸分解。

七、思考题

（1）简述金银花中绿原酸的提取原理。

（2）本实验中，有哪些因素会影响绿原酸的提取效率？分别会产生怎样的影响？

实验三　黄连素-明胶微球的制备

一、实验目的

（1）掌握乳化交联法制备微球的工艺流程和操作。
（2）掌握微球载药量的测定方法。
（3）熟悉微球的常用辅料。

二、实验原理

微球是指药物与高分子材料制成的球类或类球形骨架实体，药物溶解或分散于实体中。微球的粒径范围一般为 1～500μm。制备微球的载体材料很多，一般要求是性质稳定；无毒、无刺激性；能与药物配伍，不影响药物的药理作用及含量测定；有一定的强度和可塑性，能完全包裹囊心物；能符合要求得到黏度、渗透性、亲水性、溶解性等；供注射用者，应具有生物相容性及可降解性。其中，较为常用的材料有明胶、海藻酸盐、阿拉伯胶、壳聚糖、羧甲基纤维素盐、聚丙烯酸树脂、聚乳酸等。

根据载体材料的性质、微球释药性能及临床给药途径，可选择不同的微球制剂的制备方法。目前，微球制剂常用的制备方法主要有乳化-化学交联法、乳化-加热固化法、乳化-溶剂蒸发法、喷雾干燥法 4 种。

微球的质量评价包括形态、粒径、载药量、释药速率等。其中，载药量（%）=（微球中的药物含量/微球重量）×100。

三、实验设备与实验材料

（一）实验设备

电子天平，磁力搅拌器，紫外分光光度计，超声波细胞破碎仪，离心机，抽滤装置，超声波清洗仪，鼓风干燥箱等。

（二）实验材料

黄连素（小檗碱），司盘 80，明胶，液体石蜡，37%甲醛，20%氢氧化钠，丙酮等。

四、实验步骤

1. 处方

明胶	4.5g
蒸馏水	15ml
黄连素	10mg
液体石蜡	50ml
司盘 80	1g
37%甲醛	2ml
20%氢氧化钠	适量

2. 制法

1）明胶溶液的制备：称取 4.5g 明胶，用适量蒸馏水浸泡，待膨胀后，加蒸馏水至 15ml，搅拌使其溶解（必要时可加热加快其溶解），再加入 10mg 黄连素，超声分散均匀，备用。

2）黄连素-明胶微球的制备：量取液体石蜡 50ml，加入 1g 司盘 80，搅拌均匀，再加入上述明胶溶液，50℃水浴搅拌 10min，显微镜观察所形成乳剂粒径的大小和均匀程度。

3）将上述乳剂在冰浴条件下搅拌，冷却至 0℃，搅拌过程中加入 2ml 的 37%甲醛进行交联。搅拌 10min 后，滴加 20%氢氧化钠调节 pH 为 8～9，继续搅拌 1h。

4）静置至微球沉降，倒掉上清液，过滤。用丙酮洗至无甲醛味，再用蒸馏水清洗，抽干，即得。

3. 标准曲线的绘制

准确称取 10.0mg 黄连素，无水乙醇定容至 100.0ml，即原液。分别吸取 1.20ml、0.60ml、0.40ml、0.20ml、0.10ml 原液，无水乙醇定容至 10.0ml，即得不同浓度的标准液。在 347nm 处测定各标准液的吸光度，以吸光度为纵坐标、浓度为横坐标，绘制标准曲线，并计算回归方程。

4. 载药量的测定

1）称取约 10mg 的微球样品，加入 0.1mol/L 盐酸 5ml，利用超声细胞破碎仪进行处理（超声工作时间为 2s，间隔 4s，工作功率为 600W，超声时间为 2min）。

2）将超声分散液转移至容量瓶，无水乙醇定容至 25.0ml，12 000r/min 离心 5min。

3）取上清液，于 347nm 处测定吸光度，计算载药量。

5. 注意事项

1）配制明胶溶液时，应先加水适量浸泡明胶，待充分溶胀后，再加热溶解。

2）在成乳阶段不能停止搅拌，且搅拌的速度应较快，以免得到粒径较大的微球。

五、结果与讨论

1）在制备明胶微球的过程中，当乳化结束后，取适量乳剂，置于载玻片上，用光学显微镜观察，比较所形成乳剂粒径的大小和均匀程度，并记录图片。

2）黄连素标准曲线的绘制。

3）分析影响微球质量的因素。

六、思考题

（1）乳化交联法制备微球的工艺流程是什么？操作时应注意什么？

（2）影响微球载药量的因素有哪些？

实验四　阿司匹林原料药及肠溶片的全面质量分析

一、实验目的

（1）了解原料药与制剂全面质量分析的异同点。

（2）熟悉阿司匹林原料药及其肠溶片全面质量分析的项目内容。

（3）掌握对阿司匹林原料药及其肠溶片进行鉴别、检查及含量测定的方法和判断标准。

二、实验原理

（一）鉴别

1）阿司匹林分子具有酯结构，水解后产生水杨酸，具有酚羟基，可以直接与三氯化铁试液反应生成紫堇色化合物。

2）阿司匹林与碳酸钠试液共热，产生水杨酸钠及乙酸钠，加过量稀硫酸酸化后，生产白色水杨酸沉淀，并发出乙酸的臭气。

（二）检查

阿司匹林合成过程中乙酰化不完全，或者储藏过程中水解，均会产生水杨酸。而水杨酸对人体有害，其分子中的酚羟基结构在空气中会被氧化成一系列有色醌型化合物，使阿司匹林变色、变质。因而需要对原料药及制剂中水杨酸含量进行检查。

关于游离水杨酸的检查，较早的药典是利用阿司匹林无游离酚羟基，不能与高铁盐作用，而水杨酸可与高铁盐反应生成紫堇色来进行检查。近年来，随着 HPLC 法的普及，《中国药典》2015 年版二部规定阿司匹林制剂及原料药均按照原料药方法与色谱条件进行水杨酸的检查，由于不同制剂的加工工艺不同，对水杨酸的限量也不同。阿司匹林原料药和肠溶片中游离水杨酸的限量分别为 0.1%、1.5%。

（三）含量测定

阿司匹林结构中含有游离羧基，故原料药可以采取酸碱滴定法进行含量测定。然而阿司匹林制剂中的水解产物，以及为防止酯键水解加入的少量酒石酸或柠檬酸等酸性稳定剂，均会影响其含量测定，因而较早版本的《中国药典》，如 2005 年版二部，收载两步滴定法测定阿司匹林肠溶片的含量。考虑到杂质、辅料及稳定剂对含量测定结果的影响，《中国药典》2015 年版二部规定使用 HPLC 法对其进行含量测定。

三、实验设备与实验材料

（一）实验设备

纳氏比色管，电子天平，酸式滴定管，高效液相色谱仪，ODS 分析柱，容量瓶，移液管等。

（二）实验材料

阿司匹林，阿司匹林肠溶片，水杨酸对照品，三氯化铁试液，碳酸钠试液，稀硫酸，十八烷基硅烷键合硅胶，乙腈-四氢呋喃-冰醋酸-水（20∶5∶5∶70），中性乙醇，含 1%冰醋酸的甲醇，酚酞指示液，氢氧化钠滴定液（0.1mol/L），硫酸滴定液（0.05mol/L）等。

四、实验步骤

（一）阿司匹林原料药的全面质量分析

1. 鉴别

1）取本品约 0.1g，加水 10ml，煮沸，放冷，加三氯化铁试液 1 滴，观察并记录实验现象。

2）取本品约 0.5g，加碳酸钠试液 10ml，煮沸 2min 后，放冷，加过量的稀硫酸，观察并记录实验现象。

2. 检查

临用新制。

取本品约 0.1g，精密称定，置 10ml 容量瓶中，加含 1%冰醋酸的甲醇溶液适量，振摇使溶解，并稀释至刻度，摇匀，作为供试品溶液。

取水杨酸对照品约 10mg，精密称定，置 100ml 容量瓶中，加含 1%冰醋酸的甲醇溶液适量使溶解并稀释至刻度，摇匀。精密量取 5ml，置 50ml 容量瓶中，用含 1%冰醋酸的甲醇溶液稀释至刻度，摇匀，作为对照品溶液。

按照高效液相色谱法（通则 0512）实验进行测定。以十八烷基硅烷键合硅胶为填充剂；以乙腈-四氢呋喃-冰醋酸-水（20：5：5：70）为流动相；检测波长为 303nm。理论塔板数按水杨酸峰计算不低于 5000，阿司匹林峰与水杨酸峰的分离度应符合要求。立即精密量取对照品溶液与供试品溶液各 $10\mu l$，分别注入液相色谱仪，记录色谱图。供试品溶液色谱图中如有与水杨酸峰保留时间一致的色谱峰，按外标法以峰面积计算，不得超过 0.1%。

3. 含量测定

取本品约 0.4g，精密称定，加中性乙醇（对酚酞指示液显中性）20ml 溶解后，加酚酞指示液 3 滴，用氢氧化钠滴定液（0.1mol/L）滴定。1ml 氢氧化钠滴定液（0.1mol/L）相当于 18.02mg 的阿司匹林（$C_9H_8O_4$）。

（二）阿司匹林肠溶片的全面质量分析

1. 鉴别

1）取本品的细粉适量（约相当于阿司匹林 0.1g），加水 10ml，煮沸，放冷，加三氯化铁试液 1 滴，观察并记录实验现象。

2）在含量测定项下记录的色谱图中，供试品溶液主峰的保留时间应与对照品溶液主峰的保留时间一致。

2. 检查

临用新制。

取本品细粉适量（约相当于阿司匹林 0.1g），精密称定，置 100ml 容量瓶中，加含 1%冰醋酸的甲醇溶液振摇使阿司匹林溶解，并稀释至刻度，摇匀，滤膜滤过，取续滤液作为供试品溶液。

取水杨酸对照品约 15mg，精密称定，置 50ml 容量瓶中，加含 1%冰醋酸的甲醇溶液溶解并稀释至刻度，摇匀。精密量取 5ml，置 100ml 容量瓶中，用含 1%冰醋酸的甲醇溶液稀释至刻度，摇匀，作为对照品溶液。

按照阿司匹林游离水杨酸项下的方法测定。供试品溶液色谱图中如有与水杨酸峰保留时间一致的色谱峰，按外标法以峰面积计算，不得超过阿司匹林标示量的 1.5%。

3. 含量测定

1）取本品 10 片，精密称定，研细，精密称出适量（约相当于阿司匹林 0.3g），置锥形瓶中，加中性乙醇（对酚酞指示液显中性）20ml，振摇，使阿司匹林溶解。加酚酞指示液 3 滴，滴加氢氧化钠滴定液（0.1mol/L）至溶液显粉红色，再精密加氢氧化钠滴定液（0.1mol/L）40ml，置水浴上加热 15min，并时时振摇，迅速放冷至室温。使用硫酸滴定液（0.05mol/L）滴定，至粉色消失，并将滴定的结果用空白实验校正。1ml 氢氧化钠滴定液（0.1mol/L）相当于 18.02mg 的阿司匹林（$C_9H_8O_4$）。

2）色谱条件与系统适用性实验：以十八烷基硅烷键合硅胶为填充剂，以乙腈-四氢呋喃-冰醋酸-水（20∶5∶5∶70）为流动相；检测波长为 276nm。理论塔板数按阿司匹林峰计算不低于 3000，阿司匹林峰与水杨酸峰的分离度应符合要求。

测定法：取本品 20 片，精密称定，充分研细，精密称取适量（约相当于阿司匹林 10mg），置 100ml 容量瓶中，加含 1%冰醋酸的甲醇溶液，强烈振摇使阿司匹林溶解并稀释至刻度，滤膜滤过，取续滤液作为供试品溶液，精密量取 10μl 注入液相色谱仪，记录色谱图；另取阿司匹林对照品，精密称定，加含 1%冰醋酸的甲醇溶液溶解，并定量稀释制成 1ml 中含 0.1mg 的溶液，同法测定。按外标法以峰面积计算，即得。

五、实验结果

1）判断阿司匹林原料药及肠溶片的真伪。

2）判断阿司匹林中游离水杨酸的检查是否合格。

3）计算阿司匹林片原料药的百分含量。《中国药典》2015 年版规定，按干燥品计算，含阿司匹林（$C_9H_8O_4$）不得少于 99.5%。计算阿司匹林肠溶片中阿司匹林占标示量的百分含量。《中国药典》2015 年版规定，本品含阿司匹林（$C_9H_8O_4$）应为标示量的 93.0%～107.0%。请计算实验结果并分析原因。

六、注意事项

1）阿司匹林片供试品应尽量研细，使取样均匀。

2）游离水杨酸检查项下，因供试品溶液制备过程中阿司匹林可发生水解产生新的游离水杨酸，故供试品需要临用新制，并采用含 1%冰醋酸的甲醇溶液溶解以防止阿司匹林水解。

3）含量测定中乙醇应显中性，可用酚酞作为指示剂，用氢氧化钠滴至显浅粉红色即可。

4）滴定过程中，要不断振摇，并快速滴定，防止局部氢氧化钠过浓或时间过长，造成阿司匹林水解。

5）供试品过滤要采用干滤法，为保证取样均一性，应弃去初滤液，取续滤液备用。

七、思考题

（1）为什么阿司匹林原料药和肠溶片均要进行游离水杨酸的检查，二者的限量值要求为何不同。

（2）检查游离水杨酸时，为防止阿司匹林水解，操作中应注意哪些问题？

（3）阿司匹林原料药和肠溶片含量测定，为什么采用了不同的方法？

实验五　盐酸普鲁卡因原料药及其注射液的全面质量分析

一、实验目的

（1）熟悉盐酸普鲁卡因原料药及其注射液全面质量分析的项目内容。

（2）掌握对盐酸普鲁卡因原料药及其注射液进行鉴别、检查及含量测定的方法和判断标准。

二、实验原理

（一）鉴别试验

盐酸普鲁卡因为苯胺的酰基衍生物，分子结构中具有芳伯氨基，可发生重氮化反应，生成的重氮盐可与碱性萘酚偶合，生成橙红色沉淀。

（二）检查

盐酸普鲁卡因分子结构中有酯键，易发生水解反应。其注射液制备过程中受灭菌温度、时间、溶液 pH、储藏时间及光线和金属离子等因素的影响，可发生水解反应生成对氨基苯甲酸和二乙氨基乙醇。其中，对氨基苯甲酸随储藏时间的延长或高温加热，可进一步脱羧转化为苯胺，苯胺又可被氧化为有色物，使注射液变黄，疗效下降，毒性增加。故《中国药典》2015 年版采用高效液相色谱法检查本品注射液中对氨基苯甲酸的含量，其限度不得超过盐酸普鲁卡因标示量的 1.2%。

（三）含量测定

盐酸普鲁卡因含量测定也可利用芳伯氨基的重氮化反应，即药物在酸性条件下与亚硝酸钠定量发生重氮化反应，生成重氮盐，可用永停滴定法指示反应终点。

三、实验设备与实验材料

（一）实验设备

自动永停电位滴定仪，电子天平，酸式滴定管，紫外-可见分光光度计，容量瓶，移液管，薄层自动铺板器，玻璃板，薄层展开缸，玻璃喷雾瓶，点样用微量吸管等。

（二）实验材料

盐酸普鲁卡因注射液，对氨基苯甲酸对照品，盐酸，硝酸，亚硝酸钠，β-萘酚，脲，硝酸银，氨，羧甲基纤维素钠，对二甲氨基苯甲醛，苯，冰醋酸，丙酮，甲醇等。

四、实验步骤

（一）盐酸普鲁卡因原料药的全面质量分析

1. 鉴别

1）取本品约 0.1g，加水 2ml 溶解后，加 10%氢氧化钠溶液 1ml，观察是否有白色沉淀生成；加热后观察是否有油状物出现；继续加热，记录产生的蒸气是否能使红色石蕊试纸变为蓝色；随后加热至油状物消失后，放冷，加盐酸酸化，再次观察并记录实验现象。

2）本品显芳香第一胺类的鉴别反应（《中国药典》2015 年版四部通则 0301）。取供试品约 50mg，加稀盐酸 1ml，必要时缓缓煮沸使溶解，加 0.1mol/L 亚硝酸钠溶液数滴，加与 0.1mol/L 亚硝酸钠溶液等体积的 1mol/L 脲溶液，振摇 1min，滴加碱性 β-萘酚试液数滴，观察并记录实验现象。

2. 对氨基苯甲酸的检查

取本品，精密称定，加水溶解并定量稀释制成 1ml 中含 0.2mg 的溶液，作为供试品溶液。另取对氨基苯甲酸对照品，精密称定，加水溶解并定量稀释制成 1ml 中含 1μg 的溶液，作为对照品溶液。取供试品溶液 1ml 与对照品溶液 9ml 混合均匀，作为系统适用性溶液。按照高效液相色谱法（《中国药典》2015 年版四部通则 0512）实验，以十八烷基硅烷键合硅胶为填充剂；以含 0.1%庚烷磺酸钠的 0.05mol/L 磷酸二氢钾溶液(用磷酸调节 pH 至 3.0)-甲醇（68：32）为流动相；检测波长为 279nm。取系统适用性溶液 10μl，注入液相色谱仪，理论塔板数按对氨基苯甲酸峰计算不低于 2000，普鲁卡因峰和对氨基苯甲酸峰的分离度应大于 2.0。精密量取对照品溶液与供试品溶液各 10μl，分别注入液相色谱仪，记录色谱图。

供试品溶液色谱图中如有与对氨基苯甲酸峰保留时间一致的色谱峰，按外标法以峰面积计算，不得超过盐酸普鲁卡因标示量的 0.5%。

3. 含量测定

取本品约 0.6g，精密称定，按照永停滴定法（《中国药典》2015 年版四部通则 0701），在 15～25℃，用亚硝酸钠滴定液（0.1mol/L）滴定。1ml 亚硝酸钠滴定液（0.1mol/L）相当于 27.28mg 的盐酸普鲁卡因（$C_{13}H_{20}N_2O_2 \cdot HCl$）。

（二）盐酸普鲁卡因注射液的全面质量分析

1. 鉴别

1）本品显芳香第一胺类的鉴别反应（《中国药典》2015 年版四部通则 0301）。取供试品（约相当于盐酸普鲁卡因 50mg），加稀盐酸 1ml，必要时缓缓煮沸使溶解，加 0.1mol/L 亚硝酸钠溶液数滴，加入与 0.1mol/L 亚硝酸钠溶液等体积的 1mol/L 脲溶液，振摇 1min，滴加碱性 β-萘酚试液数滴，观察并记录实验现象。

2）在含量测定项下记录的色谱图中，供试品溶液主峰的保留时间应与对照品溶液主峰的保留时间一致。

2. 有关物质的检查

精密量取本品适量，用水定量稀释制成 1ml 约含盐酸普鲁卡因 0.2mg 的溶液，作为供试品溶液。精密量取 1ml，置 100ml 容量瓶中，用水稀释至刻度，摇匀，为对照溶液。取对氨基苯甲酸对照品适量，精密称定，加水溶解并定量稀释制成 1ml 约含 2.4μg 的溶液，作为对照品溶液。取供试品溶液 1ml 与对照品溶液 9ml 混合均匀，作为系统适用性溶液。按照盐酸普鲁卡因检查项下对氨基苯甲酸杂质的检查方法，精密量取对照品溶液、对照溶液与供试品溶液各 10μl，分别注入液相色谱仪，记录色谱图至主成分峰保留时间的 4 倍。供试品溶液色谱图中如有与对氨基苯甲酸峰保留时间一致的色谱峰，按外标法以峰面积计算，不得过盐酸普鲁卡因标示量的 1.2%，其他杂质峰面积的和不得大于对照溶液的主峰面积（1.0%）。

3. 含量测定

按照高效液相色谱法（《中国药典》2015 年版四部通则 0512）测定。

色谱条件与系统适用性实验：以十八烷基硅烷键合硅胶为填充剂；以含 0.1% 庚烷磺酸钠的 0.05mol/L 磷酸二氢钾溶液（用磷酸调节 pH 至 3.0)-甲醇（68：32）为流动相；检测波长为 290nm，理论塔板数按普鲁卡因峰计算不低于 2000。普鲁卡因峰与相邻杂质峰的分离度应符合要求。

测定法：精密量取本品适量，用水定量稀释制成 1ml 含盐酸普鲁卡因 0.02mg 的溶液，作为供试品溶液，精密量取 10μl 注入液相色谱仪，记录色谱图。另取盐酸普鲁卡因对照品，精密称定，加水溶解并定量稀释制成 1ml 含盐酸普鲁卡因 0.02mg 的溶液，同法测定。按外标法以峰面积计算，即得。

五、实验结果

1）判断盐酸普鲁卡因原料药及注射液的真伪。

2）判断盐酸普鲁卡因中杂质检查是否合格。

3）计算盐酸普鲁卡因原料药的百分含量。《中国药典》2015 年版规定，按干燥品计算，含盐酸普鲁卡因 $C_{13}H_{20}N_2O_2 \cdot HCl$ 不得少于 99.0%。并计算盐酸普鲁卡因注射液中盐酸普鲁卡因标示量（%）。《中国药典》2015 年版规定盐酸普鲁卡因注射液含 $C_{13}H_{20}N_2O_2 \cdot HCl$ 应为标示量的 95.0%～105.0%。请计算实验结果并分析原因。

六、注意事项

1）注射剂的取样方法：取适量安瓿，摇匀，打开，合并内容物于一干燥洁净的烧杯内。用移液管准确移取一定量至另一干燥洁净的容器内。

2）铂电极每次使用前，可用稀硝酸溶液浸泡。

3）重氮化反应速度较慢，滴定过程中应充分搅拌，临近滴定终点时，应缓缓滴加，使微量的盐酸普鲁卡因反应完全。

4）盐酸溶液应在滴定开始前加入，不可过早加入。

七、思考题

（1）试述永停滴定法确定滴定终点的方法。

（2）你认为含量测定时，应注意哪些问题才可以获得准确的结果？

第二节　设计性实验

实验一　维生素 C 泡腾片的制备工艺设计

一、实验目的

（1）掌握泡腾片的制备工艺。

（2）了解泡腾片的质量要求。

二、实验原理

泡腾片是含有泡腾崩解剂的一种片剂。泡腾崩解剂通常是有机酸和碳酸盐、碳酸氢盐的混合物。一般情况下，由于泡腾片本身干燥不含水分，泡腾崩解剂中的两种物质不能电离，无法发生反应，但当泡腾片放入水中之后，两种物质通过电离发生酸碱反应，产生大量气泡，即二氧化碳，使片剂迅速崩解和溶化，有时崩解产生的气泡还会使药片在水中上下翻滚，进一步加速其崩解和溶化。片剂崩解时产生的二氧化碳部分溶解于饮水中，使饮水喝入口中时有汽水般的美感。

泡腾片的处方由主药、稀释刘、润滑剂、填充剂、黏合剂、崩解剂和其他辅料组成，其中使用的稀释剂、黏合剂、润滑剂和其他辅料类型与普通片剂相同，只需根据制备工艺选择合适品种。与普通片剂不同，泡腾片中使用的崩解剂为泡腾崩解剂。泡腾崩解剂包括酸源和碱源，酸碱比例对泡腾片的制备及稳定性影响显著，一般认为酸的用量超过理论用量，有利于泡腾片的稳定及改善其口感。

泡腾片中主要的辅料有以下几种。

1. 崩解剂

主要包括酸源和碱源。酸源常见的为柠檬酸、酒石酸、富马酸、己二酸、苹果酸。目前应用最为广泛的是柠檬酸。柠檬酸的用量没有特殊的规定，一般泡腾时间在 5min 之内即可。柠檬酸与碳酸氢钠的最佳产气物质的量比是 0.76：1，溶解最快的物质的量比是 0.6：1。一般情况下，酸的用量往往超过理论用量，以利于稳定及适口。酒石酸的酸性较柠檬酸强，易溶于水，是一种优良的泡腾酸化剂。以酒石酸为泡腾酸化剂，泡腾力度大，吸湿性较小，便于生产操作。但酒石酸易与很多矿物质产生沉淀，因此，酒石酸制成的口服泡腾片在自来水或矿泉水中常发生混浊，虽不影响药效但影响澄清度，一般需加入色素掩盖。富马酸没有吸湿性，但具有极好的润滑作用，可以彻底解决压片过程中的粘冲和吸潮问题。其不足之处在于其水溶性较差，酸性较弱，崩解较慢，且总是在水表面留下一点残渣。己二酸是崩解剂的同时也是较好的水溶性润滑剂，性质与富马酸类似，不吸潮，但是泡腾过程较慢且有残留。苹果酸具有较好的口味，泡腾效果好，在泡腾片中常常用来代替柠檬酸，其不足之处在于吸湿性较强，在压片过程中容易粘冲。

碱源常见的为碳酸钠、碳酸氢钠、碳酸钾、碳酸氢钾、碳酸钙等。其中以碳酸钠、碳酸氢钠、碳酸氢钾最为常用。碱源的作用机制是与酸源反应生成二氧化碳。需要注意的是，使用碳酸氢钠、碳酸氢钾时，应注意干燥颗粒的温度不能高于 60℃，否则，碳酸氢盐易分解，产生碳酸盐、水和二氧化碳，进而影响泡腾效果。

2. 润滑剂

润滑剂对泡腾片的制备起着十分重要的作用，如选择不当可影响产品的制备和性状。润滑剂分水溶性和水不溶性两类。常用水溶性润滑剂包括聚乙二醇 4000 或 6000、十二烷基硫酸钠、十二烷基硫酸镁、L-亮氨酸、苯甲酸钠、油酸钠、氯化钠、乙酸钠、硼酸等；常用水不溶性润滑剂包括硬脂酸镁、滑石粉、微粉硅胶、蔗糖脂肪酸酯、硬脂酰富马酸钠等。硬脂酸镁疏水性强，用量过多会影响片糖崩解或产生裂片。在使用压片机压片过程中大多是使用硬脂酸镁作润滑剂，但维生素泡腾片所用原料和辅料都必须是溶于水的，因为硬脂酸镁是疏水性物质，不溶于水，因此在维生素 C 泡腾片中使用硬脂酸镁会产生混浊沉淀现象，建议不要用或尽量少用。口服泡腾片一般选择水溶性润滑剂，最常用的是聚乙二醇6000，一般需粉碎过160目筛后使用。因聚乙二醇熔点低，压片时冲头升温使其软化而粘冲，一般用量多在总重量的5%以内，十二烷基硫酸钠、十二烷基硫酸镁虽然具有发泡作用，但影响澄清度，一般不用。L-亮氨酸润滑效果较好，用量为总重量的5%以下，使用前需过筛、烘干，缺点是价格较贵。苯甲酸钠曾用于阿司匹林泡腾片，用量为总重量的5%。油酸钠、氯化钠、乙酸钠的润滑作用有限。

3. 填充剂、黏合剂

口服泡腾片常用填充剂为乳糖、甘露糖、蔗糖等水溶性辅料。乳糖能溶于水，但不易吸水，为泡腾片优良的填充剂。甘露糖化学性质不活泼、无吸湿性，可使泡腾片外观光洁，味佳，有清凉感。蔗糖具有矫味和黏合作用，是可溶性泡腾片的优良填充剂，但其容易受潮结块。常用黏合剂有PVP、水、乙醇等。水本身无黏性，但若物料中含有遇水产生黏性的成分，仅加水润湿即可。乙醇使药物本身有黏性，但当原药遇水容易变质或润湿时黏性过强、颗粒干后变硬等情况出现时，则宜选用乙醇作黏合剂。PVP能溶于水和乙醇，是优良的黏合剂，化学性质稳定，具有很好的溶解性、成膜性和分散稳定性。

4. 矫味剂、甜味剂

矫味剂主要有薄荷油、薄荷醇、人造香草、肉桂及各种果味香精，一般用量为0.5%～3%，以喷雾干燥的矫味剂效果最为理想。口服泡腾片中加入适量的矫味剂、甜味剂和香精，可以改善口感，增加患者的顺应性。《中国药典》收载的甜味剂有阿斯帕坦、甜菊素。美国食品药品监督管理局（FDA）规定阿斯帕坦的日允许使用量为50mg/kg，欧盟规定的日允许使用量为20mg/kg。甜菊素的安全范围很大，小鼠口服 $LD_{50} > 8.2g/kg$。香精有甜橙味、柠檬味、橘味、苹果味、菠萝味等多种口味，可根据需要选择使用。口服泡腾片可酌情加入少量符合国家食品添加剂标准的色素，但加入量应符合规定。

三、实验设备与实验材料

根据设计方案内容，列出所需试剂、仪器及主要药品和试剂的配制方法。

四、实验设计内容

教师根据实验条件提供维生素C泡腾片或其他药物作为参考，由学生根据所查资料，结合实验设计思路进行方案设计，实验方案主要包括以下几项内容。

1）仪器设备与材料。

2）制备方案的设计。

3）筛选出最佳的制备工艺。

4）预期的实验结果。

五、实验结果

1）根据筛选出的最佳制备工艺进行操作，准确记录实验结果。

2）根据实验结果和实验现象分析评价其制备工艺，并撰写实验报告。

六、注意事项

维生素 C 泡腾片的质量标准检测应参照《中国药典》2015 年版进行评价。

七、思考题

（1）剂量选择和辅料选择的依据是什么？

（2）试述泡腾片和普通片剂在崩解、溶解过程的异同点。

（3）试述泡腾片和普通片剂在药物吸收和起效速度上的异同点。

（4）试述泡腾片和普通片剂在制备工艺上的异同点。

（5）试述维生素 C 泡腾片的理化性质及质量要求。

（6）从本实验中得到了哪些启示？

（7）你所设计的实验有哪些创新点？

实验二 巴比妥类药物的鉴别试验

一、实验目的

（1）掌握苯巴比妥、司可巴比妥、硫喷妥钠的药物结构特征，根据各个药物的特点设计鉴别方法。

（2）掌握查阅文献，运用药典的基本技能。

（3）提高综合应用所学知识、解决实际问题的能力。

二、实验要求

（1）设计实验前需充分了解各类药物的结构与理化特性，然后根据药物的个性与共性，选择一般鉴别试验与特殊鉴别试验，来区别不同类型的药物。

（2）选择各个药物最具特征的专属反应来确证该药物。

三、实验设备与实验材料

根据设计方案内容，列出所需仪器、试剂及主要试剂的配制方法。

四、实验设计内容

1）根据查阅文献的结果，分别列出苯巴比妥、司可巴比妥、硫喷妥钠的鉴别实验步骤。

2）进行实验操作，并鉴别苯巴比妥、司可巴比妥、硫喷妥钠的真伪。

五、实验结果与讨论

1）列出苯巴比妥、司可巴比妥、硫喷妥钠的分子结构式。

2）记录实验现象。

3）根据鉴别结果，书写实验报告，并分析讨论实验结果。

实验三　　氨茶碱氯化钠注射液成分的含量测定

一、实验目的

（1）掌握查阅文献，运用药典的基本技能。

（2）提高综合应用所学知识、解决实际问题的能力。

（3）根据复方制剂的药物成分及分子结构，设计定量分析的方法，并根据文献资料进行实验操作。

（4）掌握定量分析的基本原理及药物含量计算方法。

二、实验要求

（1）对所收集文献进行整理、分类，比较各种方法的优缺点与使用范围，选用典型的方法对氨茶碱氯化钠注射液中三种成分进行含量测定。

（2）了解各种方法的原理、操作要点。

（3）通过查阅文献，根据无水茶碱、乙二胺、氯化钠的分子结构特征及理化性质，设计含量测定的方法，写出含量测定的基本原理。并对氨茶碱氯化钠注射液中三种成分的含量进行测定。

三、实验设备与实验材料

根据设计的方案内容，给出所需仪器、药品及主要滴定剂、试剂、指示剂的配制方法等。

四、实验设计内容

1）对搜集的材料进行交流、讨论，结合实验室现有条件，确定氨茶碱氯化钠注射液中三种成分的含量测定方法。

2）写出完整的实验方案及具体的实验步骤。

3）独立完成氨茶碱氯化钠注射液的含量测定工作，包括试剂及标准溶液的配制、标准滴定液的标定、仪器选用与调试、定量测定等。

五、实验结果与讨论

1）根据文献资料的查阅结果，写出文献综述，包括氨茶碱氯化钠注射液的分子结构特征、理化性质、定量测定的方法及原理等。

2）计算定量分析的结果并讨论实验结果，写出分析报告。

参考文献

阿有梅，汤宁. 2006. 药学实验与指导. 郑州：郑州大学出版社.

陈章宝. 2015. 药剂学实验教程. 北京：科学出版社.

崔福德. 2011. 药剂学实验指导. 3 版. 北京：人民卫生出版社.

丁彦蕊，蔡宇杰，须文波，等. 2003. 离子交换法提取青霉素 G 的探索. 离子交换与吸附，19（1）：
　　31-36.

丁益，华子春. 2015. 生物化学分析技术实验教程. 北京：科学出版社.

高向东. 2008. 生物制药工艺学实验与指导. 北京：中国医药科技出版社.

郭宗儒. 2003. 药物化学总论. 北京：中国医药科技出版社.

国家药典委员会. 2015. 中华人民共和国药典. 2015 年版. 北京：中国医药科技出版社.

国家执业药师资格考试指导丛书编委会. 2005. 药学专业知识. 北京：人民军医出版社.

杭太俊，于治国，范国荣. 2016. 药物分析. 8 版. 北京：人民卫生出版社.

李瑞芳. 2006. 药物化学教程. 北京：化学工业出版社.

刘汉清，倪健. 2005. 中药药剂学. 北京：科学出版社.

龙晓英，田燕. 2016. 药剂学. 2 版. 北京：科学出版社.

彭司勋. 1999. 药物化学. 北京：中国医药科技出版社.

屈景年，莫运春，刘梦琴，等. 2005. 金银花中绿原酸一步提取法及绿原酸抗菌活性. 化学世界，
　　3：167-169.

吴梧桐. 2015. 生物制药工艺学. 4 版. 北京：中国医药科技出版社.

谢云，倪开勤，徐天玲，等. 2012. 药物分析实验. 武汉：华中科技大学出版社.

姚金凤，杜斌，张瑞锋，等. 2007. 毛细管柱气相色谱法测定风油精中薄荷脑含量. 郑州大学学报
　　（医学版），42（6）：1168-1170.

姚彤炜，曾苏. 2012. 药物分析实验与药物分析习题集. 杭州：浙江大学出版社.

尤启冬. 2000. 药物化学实验与指导. 北京：中国医药科技出版社.

尤启冬. 2016. 药物化学. 8 版. 北京：人民卫生出版社.

章运典，陈玉海. 2013. 金银花中绿原酸提取工艺研究. 中成药，35（7）：1564-1566.

周建平. 2007. 药剂学实验与指导. 北京：中国医药科技出版社.